普通高等教育应用技术型院校艺术设计类专业规划教材　总主编 / 许开强　胡雨霞　章　翔

植物造景设计

主　编　金　慧
副主编　董秋敏　汪　月　陈　景
参　编　叶　萌　陈　凌

合肥工业大学出版社

图书在版编目（CIP）数据

植物造景设计/金慧主编.—合肥：合肥工业大学出版社，2018. 3
ISBN 978-7-5650-2540-2

Ⅰ.①植…　Ⅱ.①金…　Ⅲ.①园林植物—景观设计　Ⅳ.①TU986.2

中国版本图书馆CIP数据核字（2015）第287154号

植物造景设计

主　　编：金　慧
责任编辑：王　磊
书　　名：普通高等教育应用技术型院校艺术设计类专业规划教材——植物造景设计
出　　版：合肥工业大学出版社
地　　址：合肥市屯溪路193号
邮　　编：230009
网　　址：www.hfutpress.com.cn
发　　行：全国新华书店
印　　刷：安徽联众印刷有限公司
开　　本：889mm × 1194mm　1/16
印　　张：9
字　　数：290千字
版　　次：2018年3月第1版
印　　次：2018年3月第1次印刷
标准书号：ISBN 978-7-5650-2540-2
定　　价：58.00元
发行部电话：0551-62903188

普通高等教育应用技术型院校艺术设计类专业规划教材

教材编写委员会

序

劳动创造是人类进化的最主要因素。从蒙昧的石器时期到营养的农耕社会，从延展机体的蒸汽革命到能源主导的电气时代，再扩展到今天智能驱动的互联网时代，人类靠不断地创造使自己成为世界的主人。吴冠中先生曾经说过：科学探索物质世界的奥秘，艺术探索精神情感世界的奥秘。艺术与设计恰恰是为人类更美好的物化与精神情感生活提供全方位服务的交叉应用学科。

当前，在产业结构深度调整，服务型经济迅速壮大的背景下，社会对设计人才素质和结构的需求发生了一系列的新变化……并对设计人才的培养模式提出了新的挑战。现在一方面是大量设计类毕业生缺乏实践经验和专业操作技能，其就业形势严峻；另一方面是大量企业难以找到高素质的设计人才，供求矛盾突出。随着高校连续十多年扩招，一直被设计人才供不应求所掩盖的教学与实践脱节的问题更加凸显出来，并促使我们对设计教学与实践进行反思。目前主要问题不在于设计人才的培养数量，而是设计人才供给、就业与企业需求在人才培养方式、规格上产生了错位。要解决这一问题，设计教育的转型发展是必然趋势，也是一项重要任务。向应用型、职业型教育转型，是顺应经济发展方式转变的趋势之一。李克强总理明确提出要加快构建以就业为导向的现代职业教育体系，推动一批普通本科高校向应用技术型高校转型，并把转型作为即将印发的《现代职业教育体系建设规划》和《国务院关于加快发展现代职业教育的决定》中强调的优先任务。

教材是课堂教学之本，是展开教学活动的基础，也是保障和提高教学质量的必要条件。不少高校囿于种种原因，形成了一个较陈旧的、轻视应用的课程机制及由此产生的脱离社会生活和企业实践的教材体系，或以老化、程式化的教材结构维护以课堂为中心的教学方法。为此，组建各类院校设计专业骨干构成的作者团队，打造具有实践特色的教材， 将促进师生的交流互动和社会实践，解决设计教学与实践脱节等问题， 这也是设计教育改革的一次有益尝试。

该系列教材基于名师定制知识重点、剖析项目实例、企业引导技能应用的方式，实现教材“用心、动手、造物”的实战改革思路，切实构建“学用结合”的应用人才培养模块。坚持实效性、实用性、实时性和实情性特点，有意简化烦琐的理论知识，采用实践课题的形式将专业知识融入一个个实践课题中。该系列教材课题安排由浅入深，从简单到综合；训练内容尽力契合我国设计类学生的实际情况，注重实际运用，避免空洞的理论介绍；书中安排了大量的案例分析，利于学生吸收并转化成设计能力；从课题设置、案例分析、参考案例到知识链接，做到分类整合、交互相促；既注重原创性，也注重系统性；整套教材强调学生在实践中学，教师在实践中教，师生在实践与交互中教学相长，高校与企业在市场中协同发展。该系列教材更强调教师的责任感，使学生增强学习的兴趣与就业、创业的能动性，激发学生不断进取的欲望，为设计教学提供了一个开放与发展的教学载体。笔者仅以上述文字与本系列教材的作者、读者商榷与共勉。

原湖北工业大学艺术设计学院院长
现任武汉工商学院艺术与设计学院院长
湖北工业大学学术委员会副主任

前言

当前，随着社会经济的快速发展，人们物质和文化生活水平不断提高，人们对生存的环境空间要求也越来越高，他们不再愿意“随遇而安”，而要精心地设计自己的生存和发展空间，因此，追求理想、舒适的环境空间，日渐成为一种时尚。

众所周知，环境设计是一门复杂的交叉学科，涉及的学科广泛，它需要有一套比较完善的教学体系架构作为支撑，强调教学内容的针对性和实用性，课程设置是否科学、设计方案是否合理，专业教学过程中的设计感表现得好与坏，直接影响着环境设计专业的教学质量。

在建设“美丽中国”的大背景下，环境设计专业的发展恰逢其时，迎来了前所未有的发展机遇，环境设计教学也步入科学发展的时期。与此同时，新时代、新技术、新观念也对环境设计教学改革和创新也提出了新的要求。该环境设计专业必修教材《植物造景设计》的出版面世，相信会对专业教学的改革与创新和产学研用起到积极的影响和指导作用。

该教材的编著者从该课程的特点和教学实际出发，结合各自教学体验，突出艺术设计专业景观设计方向植物造景设计课程的一般性特点，强调植物的景观属性和美学特征。既充分考虑到植物造景的技术性、艺术性，也满足了植物生长的环境条件的个体美与群体美。本书不仅讲述了植物本身在造景设计中的运用，同时也阐述了植物如何与建筑、水体、地形、道路、山石等其他要素紧密结合、相互映衬、相得益彰的关系，是环境设计专业景观设计方向学生和从业者难得的一本指导性很强的专业教材。

本教材普遍适用于艺术设计、城市规划、公共艺术及其他艺术设计专业本、专科在校学生，同时也适合园林绿化工作者及广大园林景观爱好者阅读。

由于时间仓促和能力水平的局限，本教材在教学深度和广度以及创新方面尚有诸多不足，衷心希望同行专家、教师和广大读者批评指正。

金　慧

2017 年 11 月于武昌南湖

目录
contents

3

4

6

第一章　植物造景设计原理

学习目的与要求：

（1）了解植物造景的概念、意义与作用。

（2）了解国内外植物造景的历史、现状及发展趋势。

（3）了解植物的审美特征。

（4）掌握并运用植物造景中的艺术原则。

（5）掌握植物配置的各种应用形式和配置原则。

本章重点和难点：

（1）植物的类别。

（2）植物配置的基本形式。

植物造景是要求以植物材料为主体进行园林景观建设，是园林建设的一种现代方法。它是一门综合性很强的艺术，涉及美学、植物学等众多学科。既是诸多学科的应用，又是综合性的创造；既要考虑科学性，又要讲究艺术效果，同时还要符合人们的生活习惯。

植物造景的概念：植物造景就是运用乔木、灌木、藤本及草本植物等题材，通过艺术手法，充分发挥植物的形体、线条、色彩等自然美（也包括把植物整形、修剪成一定形体）来创作植物景观。

植物造景的基本原则：进行植物造景设计需具备科学性与艺术性两个方面的知识，既要满足植物与环境在生态适应上的统一，又要通过艺术构图体现出植物个体及群体的形式美以及人们在欣赏时所产生的意境美，这是植物造景的基本原则。

第一节　植物类别

植物就其本身而言是有形态、色彩、生长规律的生命活体，而对景观设计者来说又是一个象征符号，可根据符号元素的长短、粗细、色彩、质地等进行应用上的分类。综合植物生长类型的分类法则与应用法则，可以把植物作为景观材料分成乔木、灌木、草本花卉、藤本植物、草坪以及地被六种类型。

一、乔木

（1）特点：体型高大、主干明显、分枝点高

乔木是指树身高大的树木，由根部发生独立的主干，树干和树冠有明显区分。通常见到的高大树木都是乔木，如木棉、松树、玉兰、白桦等。乔木按冬季或旱季落叶与否又分为落叶乔木和常绿乔木两类，如图 1-1、图 1-2 所示。

（2）分类

大乔木：大乔（21 ～ 30 米以上），为一种木本植物的统称。一般把高度可超过 25 米的、树冠面积可超过 30 平方米或是高度达到 15 米，树冠面积可超过 25 平方米的、具有明显主干的植物叫做大乔木，如榕树、香樟。

中乔木：中乔（11 ～ 20 米），如桂花、樱花、玉兰。

小乔木：小乔（6 ～ 10 米），如龙舌兰、龙柏。

二、灌木

灌木是没有明显主干的木本植物，植株一般比较矮小，不会超过 6 米，有的耐阴灌木可以生长在乔木下面，有的地区由于各种气候条件影响（如多风、干旱等），灌木是地面植被的主体，形成灌木林。沿海的红树林也是一种灌木林。

许多种灌木由于小巧，多作为园艺植物栽培，用于装点园林。

灌木是指那些没有明显的主干、呈丛生状态的树木，一般可分为观花、观果、观枝干等几大类。常见灌木品种有玫瑰、杜鹃、牡丹、女贞、小蘗、黄杨、沙地柏、铺地柏、连翘、迎春、月季等，如图 1-3、图 1-4 所示。我国灌木树种资源丰富，约有6000余种。

图 1-1

图 1-2

图 1-3

图 1-4

三、草本花卉

花卉的茎、根部不发达，支持力较弱，称草质茎。具有草质茎的花卉，叫做草本花卉。在草本花卉中，按其生活期长短不同，又可分为一年生、

图 1-5

图 1-6

两年生和多年生几种。

1. 一年生草本花卉

此种花卉生活期在一年以内，当年播种，当年开花、结实，当年死亡，如一串红、刺茄、半支莲（细叶马齿苋）等，如图 1-5、图 1-6 所示。

2. 两年生草本花卉

此种花卉生长期跨越两个年份，一般是在秋季播种，到第二年春夏开花、结果实直至死亡。如金鱼草、金盏花等，如图 1-7、图 1-8 所示。

图 1-7

图 1-8

3. 多年生草本花卉

此种花卉生长期在两年以上，它们的共同特征是都有永久性的地下部分（地下根、地下茎），常年不死。但它们的地上部分（茎、叶）却存在着两种类型：有的地上部分能保持终年常绿，如文竹、四季海棠、虎皮掌等；有的地上部分是每年春季从地下根际萌生新芽，长成植株，到冬季枯死，如美人蕉、大丽花、鸢尾、玉簪、晚香玉等。多年生草本花卉，由于它们的地下部分始终保持着生存能力，所以又称为宿根类花卉，如图 1-9、图 1-10 所示。

四、藤本植物

植物体细长，不能直立，只能依附别的植物或支持物，缠绕或攀援向上生长的植物统称为藤本植物。

藤本依茎质地的不同，又可分为木质藤本（如葡萄、紫藤等）与藤本草质（如牵牛花、长豇豆等），如图 1-11 至图 1-14 所示。

图 1-9　图 1-10　图 1-11

图 1-12　图 1-13　图 1-14

藤本植物一直是造园中常用的植物材料，如今可用于园林绿化的面积愈来愈小，充分利用攀援植物进行垂直绿化是拓展绿化空间、增加城市绿量、提高整体绿化水平、改善生态环境的重要途径。

五、草坪

草坪是指由人工建植或人工养护管理，起绿化美化作用的草地。它是一个国家、一个城市文明程度的标志之一。草坪是指在园林中采用人工铺植或草籽播种的方法，培养形成的整片绿色地面，是园林风景的重要组成部分，同时也是休憩、娱乐的活动场所。一般设置在屋前、广场、空地和建筑物周围，供观赏、游憩或作运动场地之用。草坪按用途分为游憩草坪、观赏草坪、运动场草坪、交通安全草坪和保土护坡草坪等。用于城市和园林中草坪的草本植物主要有结缕草、野牛草、狗牙根草、地毯草、纯叶草、假俭草、黑麦草、早熟禾、剪股颖等，如图 1-15、图 1-16 所示。

六、地被

地被又称地被植物，是植物群落底部贴地生长的苔藓、地衣层。

地被植物包括贴近地面或匍匐地面生长的草本和木本植物，一般不耐践踏。狭义的地被植物是指株高 50cm 以下、植株的匍匐干茎接触地面后，可以生根并且继续生长、覆盖地面的植物。

广义的地被植物泛指株形低矮、枝叶茂盛，并能较密地覆盖地面，可保持水土、防止扬尘、改善气候，并具有一定的观赏价值的植物。草本、木本植物都可以作为地被植物。常用的地被类植物有沿阶草、葱兰、麦冬、金边麦冬、玉簪、红花酢浆草、矮化美人蕉、大花萱草（金娃娃）、德国鸢尾、朱顶红、吉祥草、地锦、爬山虎、凌宵、长青藤、菊花、国庆菊、彩叶草、孔雀草、千头菊、一串红、矮牵牛等，如图 1-17、图 1-18 所示。

图 1-15

图 1-16

图 1-17

图 1-18

第二节　植物观赏特性

植物的观赏特性，亦即园林植物的美学特性，是造景的基本素材。

植物景观有群体美，有个体美，亦有细部的特色美。

任何美的形、色、味及质感都是由欣赏对象的物质结构分组而形成的。

一、植物的形态

植物的形态表现为不同的形态大小和姿态，是园林景观的主要观赏特性之一，它对园林景观营造起着重要的作用。在植物景观的构图和布局中，它影响着统一性和多样性。

植物形态各异。不同姿态的树种与不同的地形、建筑、水体、山石相配置，也与植物本身的分支习惯及年龄有关。

树形是指植物生长过程中表现出来的大致外部轮廓。

1. 针叶乔木类

圆柱形：杜松、钻天杨、铅笔柏。

圆锥形：雪松、水杉、云杉、冷杉。

尖塔形：雪松、窄冠侧柏、南阳山、金松、冲天柏、冷杉等。

①圆柱形

顶端优势仍然明显，主干生长旺，但圆形树冠基部与顶部均不开展，树冠上下部直径相差不大，树冠紧抱，冠长远远超过冠径。整体形态细窄而长，如北美圆柏、紫杉、钻天杨、塔柏苏桧。圆柱形树体构成以垂直线为主，给人以雄健、庄严与安稳的感觉。由于这类树木，是通过引导视线向上的方式，突出了空间的垂直面，能产生较强的高度感染力。园林中应用树木起到突出空间立面效果的作用，它适用于与高耸的建筑物、纪念碑、塔相配。

②尖塔形

如雪松、水松、冲天柏、连香树等。尖塔形树主要有斜线和垂线构成，但以斜线为主占优势，因此具有由静趋于动的意向，整体造型静中有动，动中有静，轮廓明显，形象生动，有将人的视线或情感从地面导向高处或天空的作用。在风景园林中，尖塔形树木既可作为人们的视线焦点，充当主景，也可与形状有对比的植物，如与球形植物相配，相得益彰；还能与相似形状的景物如亭、塔等成相互呼应之效。

2. 阔叶乔木类

卵圆形：毛白杨，悬铃木，香椿。

棕榈形：棕榈、蒲葵、椰子。

棕榈形这类树木不仅可以创造南国风光的情调，还可以给予人一种挺拔、秀丽、活泼的感受，既可孤植观赏，更宜在草坪、林中空地散植，创造疏林草地景色。

3. 灌木及丛木类

（1）针叶灌木

倒卵形：刺槐、千头柏、旱柳、榉树。

（2）阔叶树类

圆球形：馒头柳、千头椿。

匍匐形：铺地柏、沙地柏、平枝旬子。

枝形：迎春、连翘、锦带花。

圆球形包括球形、卵圆形、圆头形、扁球形、半球形等。

该类树木的树形构成以弧形为主，给人以优美、圆润、柔和、生动的感受，如樟树、石楠、榕树、球柏、千头柏等。圆球形在人的视觉感受上，无明显的方向性，适合各种场合的应用，可与多种形状取得协调与对比，因而这类树木较圆锥形、圆柱形使用更广泛。

4. 其他类型

垂枝形：垂柳、垂枝桃、垂枝榆。

曲枝形：龙桑、龙爪槐、龙枣、龙游梅。

伞形：油松。

垂枝形外形多种多样，其基本特征为具有悬垂或下弯的细长的枝条，如垂柳、垂枝槐、垂枝榆、垂枝梅、垂枝桃等。由于枝条细长下垂，并随风拂动，常形成柔和、飘逸、优雅的观赏特色，能与水体产生很好的协调。

设计树木形态时应注意以下几点：

①植物形态随季节及年龄的变化具有较大的不确定性。

②景观以植物形态为构图中心时，注意把握人对形态植物的重量的感受。

③注意单株与群体之间的关系。

④太多不同形态的植物在一起时，给人以杂乱无章之感，而具有相似形态的不同种类植物造景在一起时，既有变化又显得统一。

⑤各种树形的美化效果并非机械不变的，它常依配置的方式及周围环境的影响而有不同程度的变化。

二、植物的色彩

园林植物对园林美的贡献，主要是向人们呈现出视觉的美感，对人们最敏感的东西是色彩，其次才是形体和线条。

色彩在我国常以红色、黄色作为热烈、喜庆的象征；而以蓝色、灰色、白色表现素雅、柔和、清静之感。所以在园林树木设计中，可以通过色彩的调节来达到园林设计中调节色调节的作用。如在北方寒冷的冬季和春季采用红橙黄等暖色色调来解决的人们寒冷感觉；也可以通过加强冷色调设计，来解决南方盛夏的炎热，如配置以强绿蓝、紫、白等观赏性树木。

1. 红色

（1）红色系观花植物：扶桑、凤凰木、贴梗海棠、刺桐（木本象牙红）。（图 1-19 至图 1-21）

（2）红色果实植物：金银木、多花枸子、珊瑚树、欧洲冬青、山楂、火棘。（图 1-22 至图 1-24）

（3）红色干皮植物：山桃、红瑞木。（图 1-25、图 1-26）

（4）秋叶呈红色植物：火炬树、鸡爪槭、五角枫、元宝枫、五叶地锦、枫香。（图 1-27、图 1-28）

（5）春叶呈红色植物：石楠、桂花、臭椿、五角枫。（图 1-29、图 1-30）

（6）正常叶色呈红色植物：三色苋、红枫、红叶碧桃、红叶李。（图 1-31、图 1-32）

图 1-19

图 1-20

图 1-21

图 1-22 图 1-23 图 1-24

图 1-25 图 1-26

图 1-27 图 1-28 图 1-29

图 1-30 图 1-31 图 1-32

2. 黄色

（1）黄色系观花植物：连翘、迎春、棣棠、黄牡丹、蜡梅、大丽花、栾树、向日葵等。（图 1-33、图 1-34）

（2）黄色果实植物：银杏、梅、佛手、金橘、沙棘等。（图 1-35、图 1-36）

（3）秋叶呈黄色植物：银杏、洋白蜡、鹅掌楸、加杨、水杉、悬铃木。（图 1-37、图 1-38）

（4）正常叶色显黄色植物：金叶女贞、金叶小檗、金叶鸡爪槭、金叶榕。（图 1-39、图 1-40）

（5）叶具黄色斑纹植物：金边黄杨、金心黄杨、变叶木、洒金东瀛珊瑚、洒金柏等。（图 1-41、图 1-42）

（6）黄色干皮植物：金枝槐、金竹、黄皮刚竹、金镶玉竹。（图 1-43、图 1-44）

3. 橙色

（1）橙色系观花植物：菊花、美人蕉、萱草、金盏菊、半枝莲等。

（2）橙色果实植物：柚、橘、柿、甜橙、贴梗海棠。

4. 绿色

绿色调以其深浅程度不同又分为嫩绿、浅绿、鲜绿、浓绿、黄绿、蓝绿等。如馒头柳、金银木等。（图 1-45）

图 1-33　图 1-34　图 1-35　图 1-36　图 1-37　图 1-38　图 1-39　图 1-40

图 1-41　图 1-42　图 1-43　图 1-44　图 1-45

5. 蓝色

（1）蓝色系观花植物：瓜叶菊、乌头、风信子、八仙花、木兰等。（图 1-46）

（2）蓝色果实植物：海州常山、十大功劳。

6. 紫色

（1）紫色系花植物：紫藤、三色堇、桔梗、紫丁香、木兰、木槿。（图 1-47）

（2）紫色果实植物：紫珠、葡萄等。

（3）紫色叶植物：紫叶小檗、紫叶碧桃、紫叶李、紫叶黄栌等。

7. 白色

（1）白色花植物：白玉兰、白丁香、白牡丹、珍珠花、金银木等。（图 1-48）

（2）白色干皮植物：白桦、白皮松、银白杨、核桃等。

图 1-46

图 1-47

图 1-48

三、植物的芳香

人们通过嗅觉感受园林植物的芳香，有些则能分泌芳香物质如柠檬油、肉桂油等，具有杀菌驱蚊之功效。

1. 花香植物：茉莉花、含笑、白兰花、珠花、桂花、素馨等。

2. 分泌花香物质的植物：山胡椒、木姜子、柑橘、花椒、香樟、月桂等。

四、园林植物的质地

质感是指人对自然质地所产生的心理感受。不同的质地给人以不同的心理感受，即质地的情感。不同的植物，具有各异的质感，植物的质地决定于叶片、小枝、茎秆的大小、形状及其排列，以及叶表面是否粗糙、叶缘形态、树皮的外形，植物的综合生长习性和植物的观赏距离等因素。根据园林植物的质地在景观中的特性及其潜在用途，可分为粗质型、中质型、细质型三种。

1. 粗质型

此类植物通常由大叶片、疏松粗壮的树干以及松散的树形而定。粗质型园林植物主要有：火炬树、鸡蛋花、凤尾花、核桃、常绿杜鹃、广玉兰、二乔玉兰、欧洲七叶树、臭椿、木棉、刺桐等。

2. 中质型

此类植物是指有中等大小叶片、树干以及具有适中密度的植物，通常多数植物属于中质型。

3. 细质型

具有许多小叶和微弱的枝条，以及整齐而紧凑的冠型植物属于此类型。细质型园林植物有：鸡爪槭、榉树、北美乔松、珍珠梅、地肤、文竹、苔藓、结缕草、早熟禾等。

质地在植物景观设计中应注意以下方面：

①质地的设计与运用应遵循美学的艺术原则。

②均衡地使用粗质型、中质型及细质型三种不同类型的植物。

③质地随空间距离、时间与季节的变化而表现不同。

④不同质地材料的选择要与空间大小相适应，与环境相协调。

思考题

1. 简述各类园林植物在造景设计中的应用特点？

2. 试述所在校园绿地中的园林树木有哪些突出的观赏特点？

3. 在校园、公园等地识别树种时，着重认识园林树木的各种树形、花色、花期及叶的形态特征。

第三节 植物配置形式美的规律

植物造景设计必须具备科学性与艺术性两个方面的高度统一。形式美是指各种几何体的艺术构图，任何成功的艺术作品都是形式与内容的完美结合，植物造景也是如此。

一、变化与统一

在植物景观设计时，树形、色彩、线条、质地及比例都要有一定的差异和变化，显示多样性，但又要使它们之间保持一定的相似性，引起统一感，这样既生动活泼，又和谐统一。因此要掌握在统一中求变化，在变化中求统一，如图 1-49 所示。

二、调和与对比

在植物景观设计时要注意相互联系与配合，着重体现调和的原则，使其具有柔和、平静、舒适和愉悦的美感。找出近似性和一致性，配置在一起才能产生协调感。相反，用差异和变化可产生对比的效果，具有强烈的刺激感，形成兴奋、热烈和奔放的感受。因此，在植物景观设计中常用对比的手法来突出主题或引人注目。

1. 形象的对比与调和

①高低大小

高大的乔木与低矮的灌木及草坪之间形成高矮对比，如图 1-50 所示。

②形状

园林植物具备三种基本形状，即圆形、方形和三角形。利用植物形体的搭配，可形成对比的动人节奏，又可达到协调统一，如图 1-51 所示。

2. 方向的对比与调和

植物的形态分为向上型、平行型和无方向型，将不同方向性元素同置一处，能使得个性更突出，如图 1-52 所示。

3. 色彩的对比与调和

植物色彩丰富，色彩的冷与暖、明与暗、多与少都会形成一定的对比效果。不同的色彩带有不同的感情成分，不同的主题也需要不同的配色来达到热闹、宁静、温暖、祥和、野趣、田园风光等氛围，如图 1-53 所示。

图 1-49　图 1-50　图 1-51

图 1-52　图 1-53

4. 体量的对比与调和

各种植物在体量上存在很大的差别，不仅不同种类植物如此，同种不同生长级别的植物体量也不同，利用体量的对比可体现不同的景观效果，如图 1-54 所示。

5. 虚实的对比与调和

植物有常绿与落叶的区别，冠茂者为实，疏者为虚；种植密者为实，疏者为虚。把它们放在一起就会形成虚实相生的对比关系，这种虚实对比是植物造景的重要手段，如图 1-55 所示。

6. 质感的对比与调和

植物有粗质、中质、细质的区别，不同的质感给人的感觉不同，同时影响着空间大小的感受以及主题的表达，如图 1-56 所示。

7. 明暗的对比与调和

明暗给人不同的心理感受，明处开朗活泼，宜于活动；暗处幽静柔和，宜于休憩。植物斑驳的落影，可以形成独特的趣味，如图 1-57 所示。

8. 开闭的对比与调和

围合封闭与空阔自然互相对比、互相衬托，巧妙利用植物创造封闭与空阔的对比空间，能起到引人入胜的效果，如图 1-58 所示。

三、均衡与稳定

这是植物配置时的一种布局方法，将体量、质地各异的植物种类按均衡的原则配置，景观就显得舒展和稳定。如色彩浓重、体量庞大、数量繁多、质地粗厚、枝叶茂密的植物种类，给人以沉重的感觉；相反，色彩素淡、体量小巧、数量简少、质地细柔、枝叶疏朗的植物种类，则给人以轻盈的感觉。

此外，在进行植物配置时还要根据实际环境，在植物配置时把握规则式均衡（对称式）和自然式均衡（不对称式）的关系。前者常用于规则式建筑及庄严的陵园或雄伟的皇家园林中；后者常用于花园、公园、植物园、风景区等较自然的环境中，如图 1-59 所示。

图 1-54

图 1-55

图 1-56

图 1-57

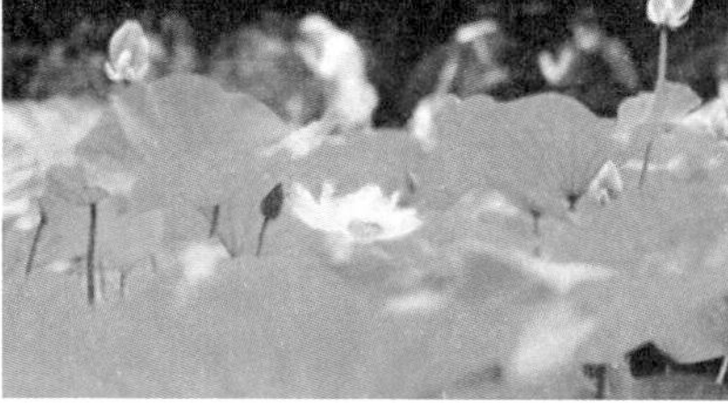
图 1-58

图 1-59

四、主从与重点

即主体与从属的关系。主从构成了重点和一般的对比与变化。在主从比较中发现重点，在变化关系中寻求统一是艺术设计中的绝对法则。

自然界的一切事物都存在主从关系，正是凭借这种差异的对比，才形成协调统一的整体。在植物的配置中如果平等对待，就会失去整体感和统一感，流于松散，如图 1-60 所示。

强调突出主景的方法：

①轴心或重心位置法，把主景安排在中轴线上或轴线交汇处，或围合区域的重心处。

②对比法，通过对比可以更加显现主景的特点。

五、韵律与节奏

有规律地再现称为节奏，在节奏的基础上形成的既富有情调又有规律可以把握的属性称为韵律。韵律分为：重复韵律（一排排的行道树）、渐变韵律（卷草纹式柱头、摩纹花坛）、交错韵律（特定要素穿插而产生的韵律感）。在园林植物中，可以利用植物的单体或形态、色彩、质地等景观要素进行有节奏和韵律的搭配，植物配置中有规律、有秩序的变化，就会产生美感，从而出现以条理性、重复性、连续性为特征的韵律美，如图 1-61 所示。

六、比例与尺度

比例是部分与部分之间、部分与整体之间、整体与周围环境之间存在的数量比率的相互制约关系，与具体尺度无关。

尺度是物体给人感觉上的大小印象与其实际大小之间的关系。

在植物配置中，要注意植物之间以及植物与建筑小品、园林设施等要素的尺度比例关系，才能突出重点景观，如图 1-62 所示。

七、层次与背景

植物景观营造应多层次配置，不同花色、花期的植物相间分层布置，可以使植物景观丰富多彩。通常背景树宜高于前景树，栽植密度要大，最好形成绿色屏障；色调宜深或与前景有较大的色调和色度上的差异，以加强衬托效果，如图 1-63 所示。

图 1-60

图 1-61

图 1-62

图 1-63

八、色彩与季相

植物在不同季节表现的景观不同，在一年四季的生长过程中，其叶、花、果的形状和色彩随季节而变化，在开花、结果或叶色变化时，具有较高的观赏价值。植物造景应充分利用植物的季相特色，按照植物的季相更替和不同花期的特点创造园林时序景观，如图 1-64 至图 1-66 所示。

图 1-64

图 1-65

图 1-66

第四节 植物在造景中的作用

植物是景观营造要素的重要组织部分。它不但能满足景观的空间构成、时间构成、艺术构图的需要，为人们提供遮阴、降暑、防灾等功能要求，更是生态系统的初级生产者，是大多数生物种类的栖息地，是园林景观的生命象征，即城市环境绿化能达到实用、经济、美观的景观效果。

一、构成景物、丰富园林色彩

园林以植物造景为主，植物无论是单独布置，还是与其他景物配合，都能形成宜人的景色。植物以其个体或群体植物特有的姿、色、香、韵等美感，可以形成园林中诸多造景形式（主景、背景、配景、添景、对景、夹景），同时又构景灵活、自然多变，如图 1-67 至图 1-71 所示。

图 1-67　图 1-68　图 1-69

图 1-70　图 1-71

二、组合空间，控制风景视线

植物可以起到组织空间的作用。植物有疏密、高矮之别，利用植物所形成的空间同样具有“界定感”。由于植物的千差万别，不同的乔、灌、草相互组合可以形成不同类型和不同感受的空间形式。利用植物进行空间营造主要包括以下几种形式。

（1）开敞空间：植物所组成的空间，不阻碍游人视线向远处眺望，如图 1-72 所示。

（2）封闭空间：植物所形成的空间，阻挡游人的视线，如图 1-73 所示。

（3）半开敞空间：植物一面高于视线，一面则低于视线的空间形式，其对外起引景的作用，对内起障景、控制视线的作用，如图 1-74 所示。

（4）覆盖空间：乔木所组成的空间，其上部覆盖封顶，视线不可透，树冠交织构成天棚，但水平视线可透，如图 1-75 所示。

（5）全封闭空间：植物空间的六个方向全部封闭，视线均不可透，如图 1-76 所示。

图 1−72

图 1−73

图 1−74

图 1−75

随着植物多少、大小、高矮的变化，环境也随之变化，在动与静中自然过渡，变换出不同的交错空间。 通过不同植物高低、疏密的灵活配置，可以阻挡视线、透漏视线，变换风景视线的透景形式，从而限制和改变景色的观赏效果，加强了园林的层次和整体性。

图 1−76

植物组合空间的形式丰富多样，其安排灵活、虚实透漏、四季有变、年年不同。因此，在各种园林空间中（山水空间、建筑空间、植物空间等）由植物组合或植物复合的空间是最多见的。

在设计中应全方位着眼考虑设计空间与自然空间的融合，不仅仅要关注于平面的构图及功能分区，还要注重于全方位的立体层次分布，利用山坡水体、高低落差、植物配置等手段进行视觉的创造和空间转换。平面构成线条流畅，从容大度，空间能够分布错落有致，变化丰富，再加上植物随季节变换造成的景观变迁，使园林植物造景设计真正成为一个人们享受其中的美好环境，无论春夏秋冬，无论平视鸟瞰，都能令人获得愉悦的视觉效果和情感体验。

三、表现季节，增强自然气氛

植物配置显示季相变化：植物是有生命的园林构成要素，随着时间和季节的变化，其形态不断发生变化而呈现出不同的季相特点，从而引起园林景观的变化。按照植物的季相演替和不同花期的特点创造园林时序景观，是我国园林植物配置的一大特点。春来桃红柳绿，夏日荷蒲熏风，秋景菊艳桂香，冬日踏雪赏梅，都是直接利用树木花卉的生长规律来造景，就连一般的落叶树种，春发新叶嫩绿，夏被浓荫墨绿，秋叶胜似春花，冬季则有枯木寒林的画意，也表现了园林季相的变换。由此产生了“春风又绿江南岸”“霜叶红于二月花”的时间特定景观。因此在植物配置时既要注意保持景观的相对稳定性，又要利用其季相变化的特点，创造四季有景可赏的园林景观。

表现季相的更替是植物所特有的作用：植物的枯荣变化强调了季节的更替，使人感到自然界的变化。特别是落叶植物的发芽、展叶、开花、结果、落叶的变化，使人明显地感到春、夏、秋、冬的季节变化。植物是自然活体，其生长所带来的景色变化是其他素材所不能替代的，如图 1-77 所示。

四、改善地形，装点山水建筑

植物造景突出建筑名称，没有植物映带的建筑便缺乏含蓄、生动的韵味。古典园林中建筑较多，造型各异，其功能各不相同，以植物命题的建筑和景点能使园林主题更突出，并丰富了建筑的艺术构图。如福州西湖的“荷亭晚唱”“仙桥柳色”“桂斋”；杭州西湖的“柳浪闻莺”“曲院风荷”；承德避暑山庄的“梨花伴月”“金莲映日”；苏州拙政园的“海棠春坞”；狮子林的“问梅阁”；北京颐和园的“知春亭”小岛上栽植桃树和柳树，桃柳报春信，点出知春之意等景点，便是这种手法的体现。植物和建筑的配置是自然美与人工美的结合，这种因植物命名景点的好处在于使植物与建筑的情景交融、和谐一致，使游人有探幽赏花之趣，起到画龙点睛的作用，使园林景观生色。

图 1-77

图 1-78

高低大小不同的植物配置造成林冠线起伏变化，改观了地形。如平坦地植高矮不同的树木远观形成起伏有变的地形。若高处植大树、低处植小树，便可增加地势的变化。

在堆山、叠石及各类水岸或水面之中，常用植物来美化风景构图，起到补充和加强山水气韵的作用。亭、廊、轩、榭等建筑的内外空间，也需植物的衬托。所谓“山得草木而华，水得草木而秀，建筑得草木而媚”，如图 1-78 所示。

五、覆盖地表，填充空隙

园林设计中的地表多数是用植物覆盖的，绿化植物是既经济又实用的户外地面铺砌材料。此外，山间、水岸、庭院中不易组景的狭窄空间隙地，大多也可以利用植物进行装饰美化，如图 1-79 所示。

图 1-79

第五节　园林植物种植的基本原则

一、遵循艺术构图的基本原则

1. 对比与和谐原则

植物造景设计时，树形、色彩、线条、质地、比例等都要有一定的差异和变化，显示植物的多样性；又保持一定的相似性，形成统一感，这样既生动活泼，又和谐统一，且设计中常用对比的手法突出主题。

2. 均衡与稳重原则

在平面上表示轻重关系适当的就是均衡；在立面上表示轻重关系适宜的则为稳定。

3. 韵律和节奏原则

植物配置的单体有规律地重复，有间隙地变化，在序列重复中产生节奏，在节奏变化中产生韵律。

4. 比例与尺度原则

比例是指园林中景物在体型上具有适当的关系，其中既有景物本身各部分之间长、宽、高的比例关系，又有景物之间、个体与整体之间的比例关系。

二、满足园林风景构图的需要

1. 总体艺术布局要协调

规则式园林布局多采用规则式配置形式，种植为对植、列植、中心植、花坛、整形式花台，并进行植物整形修剪。而在自然式园林绿地中则采用不对称的自然式种植，充分表现植物自然姿态配植形式，如孤植、丛植、群植、林地、花丛、花境、花带等，如图 1-80 至图 1-82 所示。

图 1-80

图 1-81

图 1-82

2. 考虑综合观赏效果

人们在欣赏植物景色时的要求是多方面的，而全能的园林植物是极少的，甚至说是没有的。因此，在植物配置时，应根据其观赏特性进行合理搭配，表现植物在观形、赏色、闻味、听声上的综合效果。具体配置方法如下：

（1）观花和观叶植物结合，如图 1-83 所示；

（2）不同色彩的乔、灌木结合，如图 1-84 所示；

（3）不同花期植物结合，使得一年四季均有景可观；

（4）草本花卉弥补木本花木的不足，如图 1-85 所示。

3. 四季景色有变化

组织好园林的季相构图，使植物的色彩、芳香、姿态、风韵随着季节的变化交替出现，以免景色单调。重点地区一定要四时有景，其他各区可突出某一季节景观。

4. 植物比例要适合

不同植物的比例安排影响着植物景观的层次、色彩、季相、空间、透景形式的变化及植物景观的稳定性。因此，在树木配置上应使速生树与长寿树、乔木与灌木、观叶与观花及树木、花卉、草坪、地被植物搭配比例合适。

在植物种植设计时应根据不同的目的和具体条件，确定树木花草之间的合适比例，如纪念性园林常绿树、针叶树比例就可大些；庭院则花木可多些。

5. 设计从大处着眼

配植要先整体后个体。首先应考虑平面轮廓、立面上高低起伏、透景线的安排、景观层次、色块大小、主色调的色彩、种植的疏密等。其次再根据高低、大小、色彩的要求，确定具体乔、灌、草的植物种类，考虑近观时单株植物的树形、花、果、叶、质地的欣赏要求，不要一开始就决定到具体种类。

三、满足植物生态要求

要满足植物的生态要求，使植物能正常生长，一方面要因地制宜，使植物的生态习性与栽植地点的生态条件基本统一；另一方面要为植物正常生长创造适合的生态条件，只有这样才能使植物成活并正常生长。

四、民族风格和地方特色

我国各地方园林有许多传统的植物配置形式和种植喜好，形成了一定的配置程式，在园林造景上应灵活应用。如竹径通幽，花中取道；松、竹、梅岁寒三友，“槐荫当庭、梧荫匝地、移竹当窗、檐前芭蕉、编篱种菊”；“高台牡丹、芦汀柳岸、春节赏梅、重阳观菊”；四川的翠林；海南的椰林等，如图 1-86 至图 1-89 所示。

图 1-83　图 1-84　图 1-85

图 1-86　图 1-87　图 1-88　图 1-89

五、统筹近远期景观效果

布置植物时要使速生树种与慢长（长寿）树种相结合，使植物景观尽早成效、长期稳定。首先，基调和骨干（主调）树种要留有足够的间距（以成年树冠大小来决定种植距离），以便远期达到设计的艺术效果。其次，为在短期内取得好的绿化效果，在栽植骨干、基调树种的同时，要搭配适量的速生填充树种（未成年树），种植距离可近些，使其很快形成景观。经过一段时间后，可分期进行树木间伐，达到最终的设计要求。

总之，在进行园林植物布置时，力求做到功能上的综合性、构图上的艺术性、生态上的科学性、风格上的地方性、经济上的合理性。

第六节　园林植物景观设计方法

一、“意”景

“意”景是中国古典园林植物造景的特点之一，园林植物的意境是指通过园林植物的形象所反映的情感，使游赏者触景生情，产生情景交融的一种艺术境界。现代园林植物景观营造应适当借鉴，按诗格或画理取裁植物景观。从欣赏植物景观形态美到意境美是欣赏水平的升华，其不但含意深远，而且达到了天人合一的境界。

传统的兰、竹、梅配植形式，谓之“岁寒三友”，因为人们对这三种植物视作具有共同的品格。此外梅兰竹菊也被称为“四君子”。

（1）松：苍劲古雅，不畏霜雪风寒的恶劣环境，能在严寒中挺立于高山之巅，具有坚贞不屈、高风亮节的品格。

（2）竹：中国文人最喜爱的植物。“未曾出土先有节，纵凌云处也虚心”，“群居不乱独立自峙，振风发屋不为之倾，大旱干物不为主瘁……”因此，竹被视作最有气节的君子。难怪苏东坡感叹“宁可食无肉，不可居无竹”。

（3）梅：更是广大中国人民所喜爱的植物。元代杨维硕赞其“万花敢向雪中出，一树独先天下春”。毛主席诗词中“俏也不争春，只把春来报”。陆游词中的“零落成泥碾作尘，只有香如故”，表示其自尊自爱、高洁清雅的情操。

（4）兰：姿态最雅，花清香而色不艳。张羽诗中描述其“能白更兼黄，无人亦自芳，寸心原不大，容得许多香”。兰被认为绿叶幽茂，柔条独秀，无矫揉之态，无媚俗之意，幽香清远，馥郁袭衣，堪称清香淡雅。

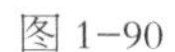
图 1-90

图 1-91

图 1-92

图 1-93

图 1-94

图 1-95

（5）菊：耐寒霜，晚秋独吐幽芳。我国有数千菊花品种，目前除用于盆栽欣赏外，已发展成大立菊、切花菊、地被菊，应用广泛。陆游诗曰：“菊花如端人，独立凌冰霜……高情守幽贞，大节凛介刚”，可谓幽贞高雅。

（6）荷花：被视作“出淤泥而不染，濯清涟而不妖”。

（7）桂花：李清照赞其“暗淡轻黄体性柔，情疏迹远只香留……”连高雅绝冠的梅花也为之生妒，隐逸高姿的菊花也为它含羞，可见桂花有多高贵。

可见园林植物最易为人注意的是植物的形态美、色彩美及嗅觉美，但是植物的美还包含有一种比较抽象的却极富于思想感情的美，可称为含蓄美、寓言美、意境美，正所谓景外之景、弦外之音。这种美与民族的文化交流、风俗习惯、教育水平、地域和社会的历史发展等有所不同，这种融汇了人们的思想情趣与理想哲理的精神内容既来自于传统，又随着时代而发展。

植物造景虽然不能直接创造意境，但能运用人们的心理活动规律和所具有的社会文化积淀，充分发挥植物造景的特点，创造出能使游赏者产生多种优美意境的环境条件。

二、借景

有意识地把园林内外景物纳入视野范围内使之成为某处景点的重要组成部分，即为“借景”。（图 1-90）

借景可以扩大景观空间，增加变幻。现代城市园林是外向型景观，城市范围内外的景观都可成为借景的对象，如远山、高楼、立交桥等。

1. 借景类型

（1）近借：即在景中欣赏景外之近景。

（2）远借：于不完全封闭的景观空间中欣赏空间以外的远处之景。

（3）邻借：在园中欣赏相邻园林的景物。

（4）互借：两座园林或两个景点之间彼此借助对方的景物。

（5）仰借：以借高处景物为主，如高耸入云的大树，或借地势于谷，欣赏峰之俊秀。

（6）俯借：即在高视点处俯视低处景观。

（7）因时而借，因地而借：借一年的某一季节或一天中某一时刻的景物，主要是借天文景观、云象景观、植物季相变化景观和即时的动态景观，如朝借旭日、晚借夕阳、春借桃柳、夏借塘荷、秋借丹枫、冬借飞雪，等等。

2. 借景方法

（1）开辟赏景透视线，对于赏景的障碍物进行整理或去除，譬如修剪掉遮挡视线的树木枝叶等。在园中建轩、榭、亭、台等作为视景点，仰视或平视景物，纳烟水之悠悠，收云山之耸翠，看梵宇之凌空，赏平林之漠漠。

（2）提升视景点的高度，使视景线突破园林的界限，取俯视或平视远景的效果。在园中堆山、筑台，建造楼、阁、亭等，让游者放眼远望，以穷千里目。

（3）借虚景。如朱熹的“半亩方塘”，圆明园四十景中的“上下天光”，都俯借了“天光云影”；上海豫园中花墙下的月洞，透露了邻院的水榭。

3. 借景内容

（1）借山、水、动物、植物、建筑等景物

如远岫屏列、平湖翻银、水村山郭、晴岚塔影、飞阁流丹、楼出霄汉、蝶雉斜飞、长桥卧波、田畴纵横、竹树参差、鸡犬桑麻、雁阵鹭行、丹枫如醉、繁花烂漫、绿草如茵。

（2）借人为景物

如寻芳水滨、踏青原上、吟诗松荫、弹琴竹里、远浦归帆、渔舟唱晚、古寺钟声、梵音诵唱、酒旗高飘、社日箫鼓。

（3）借天文气象景物

如日出、日落、朝晖、晚霞、圆月、弯月、蓝天、星斗、云雾、彩虹、雨景、雪景、春风、朝露等。此外，还可以通过声音来充实借景内容，如鸟唱蝉鸣、鸡啼犬吠、松海涛声、残荷夜雨。

（4）借公共环境景物

在现代景观中可借之景十分丰富，借景欣赏的公共环境也非常多，比如现代城市的高楼大厦、车水马龙以及形形色色的行人、动感韵律多姿多彩的立交桥，在设计广场、街道时就应考虑到其可借鉴之处，并为赏景者提供天时地利之便，如透景线设置、座椅设置等。又如现代高层住宅区内，高层的居民开窗即可俯瞰园中景、城中象，所以在某种程度上要符合高层居民俯视景观的心理。景观设计者应把握现代城市的景观特点，领会传统的造园思想，把整个城市看成一个大“庭园”，以宏观的态度对待城市中的各个景观要素，如汽车、行人、立交桥、高楼大厦等，而不仅仅停留在亭台、地形、水体、树木之中。

三、隔景与障景

“佳则收之，俗则屏之”是我国古代造园的手法之一，在现代景观设计中，也常常采用这样的思路和手法。隔景是将好的景致收入景观中，将乱差的地方用树木、墙体遮挡起来（图 1-91）。障景是直接采取截断行进路线或逼迫其改变方向的办法，用实体来完成。（图 1-92）

障景又称抑景，在造景中利用一定材料抑制视线、转变空间方向的手法。

因使用材料的不同分为：山石障、影壁障、树丛障、景墙障等。障景的作用有四个：一是先抑后扬，增加赏景的曲折生动性；二是点景，即障景之本身可构成独立景观；三是用来隐藏不够美观和不能暴露的地方和物体；四是障景多用不对称构图，以构图的动势引导游览者前进。

四、框景

框景就是利用门框、窗框等建筑物或植物间隙（树干树枝）来提取另一空间的景色，使之恰如一幅镶嵌在镜框中的图画。（图 1-93）

作用：景框能使人的视线集中在景观的中心，给人以最强烈的艺术感染力。景与框之间的距离应为框直径的两倍以上，视点最好在景框的中心。

五、夹景

利用树丛、树列、山石建筑等形成较封闭的狭长空间，以突出空间尽头的景物，还可隐蔽视线两侧较贫乏的景观。（图 1-94）

夹景巧妙运用透视线和轴线突出对景，并能形成空间的开合对比。

六、漏景

漏景是框景的延伸和发展，景色通过较小的空间若隐若现地呈现在欣赏者的面前。（图 1-95）
漏景较框景显得含蓄，它能引导欣赏者进一步接近景观去欣赏。

第七节　植物的季相分布

植物在一年四季的生长过程中，叶、花、果的形状和色彩随季节而变化。开花时、结果时或叶色转变时，都具有较高的观赏价值。园林植物配置利用有较高观赏价值和鲜明特色的植物季相，能给人以时令的启示，增强季节感，表现出园林景观中植物特有的艺术效果，如春季山花烂漫、夏季荷花映日、秋季硕果满园、冬季蜡梅飘香等。

1. 一月开花的植物

（1）中国水仙（石蒜科）：1—3 月

（2）炮仗花（紫葳科）：1—6 月

（3）白千层（桃金娘科）：1—2 月

2. 二月开花的植物

（1）木棉（木棉科）：2—3 月

（2）深山含笑（木兰科）：2—3 月

（3）老鸦瓣（百合科）：2—3 月

（4）梅（蔷薇科）：2—3 月

（5）迎春（木樨科）：2—4 月

3. 三月开花的植物

（1）白玉兰／紫玉兰／二乔玉兰（木兰科）：3—4 月

（2）火力楠、醉香含笑（木兰科）：3—4 月

（3）苦丁茶、大叶冬青（冬青科）：春

（4）泡桐、白花泡桐（玄参科）：3—4 月

（5）元宝枫（槭树科）：春

（6）月桂（樟科）：春

（7）油桐（大戟科）：春

（8）蚊母（金缕梅科）：3—4 月

（9）紫荆、满条红（豆科、苏木科）：3—4 月

（10）肖黄栌（大戟科）：春、夏、秋

（11）金脉爵床（爵床科）：春、夏、秋

（12）袖珍椰子（棕榈科）：3—4 月

（13）瑞香（瑞香科）：3—4 月

（14）结香（瑞香科）：3—4 月

（15）郁李（蔷薇科）：春

（16）贴梗海棠（蔷薇科木瓜属）：3—4 月

（17）日本海棠（蔷薇科木瓜属）：3—5 月

（18）桃（蔷薇科）：3—4 月

（19）紫叶李（蔷薇科梅属、樱属）：3—4 月

（20）杏（蔷薇科梅属、樱属）：3—4 月

（21）笑靥花、李叶绣线菊（蔷薇科）：春

（22）火棘（蔷薇科）：春

（23）金钟花（木樨科）：3—4 月

（24）刻叶紫堇（罂粟科）：3—4 月

（25）百枝莲（石蒜科）：春

（26）雪滴花（石蒜科）：3—4 月

（27）喇叭水仙（石蒜科）：3—4 月

（28）郁金香（百合科）：3—4 月

4. 四月开花的植物

（1）鹅掌楸、马褂木（木兰科）：4—6 月

（2）厚朴（木兰科）：4—5 月

（3）含笑（木兰科）：4—5 月

（4）白兰花（木兰科）：4—9 月

（5）珙桐、鸽子树（珙桐科）：4—5 月

（6）法桐、三球悬铃木（悬铃木科）：4—5 月

（7）紫花泡桐（玄参科）：4—5 月

（8）台湾相思（豆科、含羞草科合欢属）：4—6 月

（9）染料木（豆科）：4—6 月

(10) 蓝桉（桃金娘科桉属）：4—5 月及 10—11 月

(11) 枸橘、枳（芸香科）

(12) 亮叶忍冬（忍冬科）

(13) 石斑木（蔷薇科）

(14) 麦李（蔷薇科）

(15) 梨（蔷薇科）

(16) 樱桃（蔷薇科）

(17) 日本晚樱（蔷薇科）

(18) 垂丝海棠（蔷薇科）：4—5 月

(19) 西府海棠（蔷薇科）：4—5 月

(20) 苹果（蔷薇科）：4—5 月

(21) 黄刺玫（蔷薇科）：4—5 月

(22) 绣球绣线菊（蔷薇科）：4—6 月

(23) 棣棠（蔷薇科）：4—5 月

(24) 云南黄馨（木樨科）

(25) 连翘（木樨科）：4—5 月

(26) 金钟花（木樨科）：4—5 月

(27) 小蜡（木樨科）：4—6 月

(28) 红花檵木（金缕梅科）：4—5 月

(29) 溲疏（虎耳草科）：4—7 月

(30) 茶藨子（茶藨子科）：4—5 月

(31) 紫叶小檗（小檗科）：4—5 月

(32) 金银木（忍冬科）：4—5 月

(33) 锦带花（忍冬科）：4—6 月

(34) 牡丹（芍药科）：4—5 月

(35) 金丝梅（藤黄科）：4—8 月

(36) 悬钩子（蔷薇科）：4—5 月

(37) 紫金牛（紫金牛科）：4—5 月

(38) 富贵草（黄杨科）：4—5 月

(39) 白三叶、白车轴草（豆科）：4—11 月

(40) 红花酢浆草（酢浆草科）：4—11 月

(41) 四季海棠（秋海棠科）：4—12 月

(42) 马蹄金（旋花科）：4—5 月

(43) 美女樱（马鞭草科）：4—10 月

(44) 三色堇（堇菜科）：4—6 月

(45) 雏菊（菊科）：4—6 月

(46) 蒲公英（菊科）：6—9 月

(47) 紫罗兰（十字花科）：4—5 月

(48) 金叶苔草（莎草科）：4—5 月

(49) 毛萼紫露草（鸭跖草科）：4—10 月

(50) 白穗花（百合科）：4—5 月

(51) 鸢尾（鸢尾科）：4—5 月

(52) 白芨（兰科）：4—5 月

(53) 络石（夹竹桃科）：4—6 月

(54) 活血丹（唇形科）：4—5 月

(55) 忍冬（忍冬科）：4—6 月

(56) 薜荔、木莲（桑科）：4—6 月

(57) 蔓长春花（花叶，夹竹桃科）：4—7 月

(58) 木香（蔷薇科，蔷薇属）：4—6 月

(59) 木通（木通科）

(60) 紫藤（豆科，紫藤属蝶形花科）

5. 五月开花的植物

(1) 苦楝（楝科）

(2) 流苏树（木樨科）

(3) 雪柳（木樨科）：5—6 月

(4) 暴马丁香（木樨科）：5—6 月

(5) 四季桂（木樨科）：5—9 月

(6) 茉莉（木樨科）：5—11 月

(7) 楸树（紫葳科）

(8) 梓树（紫葳科）：5—6 月

(9) 海桐（海桐科）

(10) 光叶木（蓝豆科）：4—5 月

(11) 儿刺槐（豆科，刺槐属蝶形花亚科）

(12) 紫穗槐（豆科，蝶形花亚科）：5—6 月

(13) 凤凰木（豆科，凤凰木属苏木亚科）：5—8月

(14) 木莲（木兰科）

(15) 白兰花（木兰科）：5—9 月

(16) 石榴（石榴科）：5—6 月

(17) 香桃木（桃金娘科）

(18) 轮叶蒲桃（桃金娘科）：5—6 月

(19) 七叶树（七叶树科）：5—6 月

(20) 金焰绣线菊（蔷薇科）：5—10 月
(21) 多花枸子（蔷薇科）：5—6 月
(22) 山楂（蔷薇科）：5—6 月
(23) 月季（蔷薇科）：5—10 月
(24) 玫瑰（蔷薇科）：5—6 月
(25) 柽柳（柽柳科）：5—8 月
(26) 芍药（芍药科）
(27) 猬实（忍冬科）
(28) 木本绣球（忍冬科）：5—6 月
(29) 天目琼花（忍冬科）：5—6 月
(30) 海仙花（忍冬科）：5—6 月
(31) 荚莲（忍冬科）：5—6 月
(32) 鸡蛋花（夹竹桃科）：5—10 月
(33) 黄花夹竹桃（夹竹杉 C 科）：5—12 月
(34) 假连翘（马鞭草科马缨丹属）：5—10 户
(35) 南天竹（小檗科）：5—7 月
(36) 夏鹃（杜鹃花科）：5—6 月
(37) 红瑞木（山茱萸科）：5—7 月
(38) 四照花（山茱萸科）：5—6 月
(39) 龙船花（茜草科）：夏、秋
(40) 水栀子、雀舌栀子（茜草科）：5—7 月
(41) 六月雪（茜草科）：5—6 月
(42) 枸杞（茄科）：5—10 月
(43) 黄菖蒲（鸢尾科）：5—6 月
(44) 金叶景天（景天科）：5—6 月
(45) 垂盆草（景天科）：5—6 月
(46) 半支莲（唇形科）：5—10 月
(47) 扶芳藤（卫矛科）：5—6 月
(48) 常夏石竹（石竹科）：5—11 月
(49) 金叶过路黄（报春花科）：5—7 月
(50) 富贵草、转筋草（黄杨科）：5—8 月
(51) 金边金钱蒲（天南星科）：5—7 月
(52) 菖蒲（天南星科）：5—7 月
(53) 紫锦草（鸭跖草科）：5—11 月
(54) 蜘蛛抱蛋（百合科）：5—6 月
(55) 萱草（百合科）：5—8 月
(56) 玉竹（百合科）：5—6 月
(57) 韭兰（石蒜科）：5—9 月
(58) 山姜（姜科）：5—6 月
(59) 飞燕草（毛茛科）：5—6 月
(60) 虞美人（罂粟科）：5--6 月
(61) 福禄考（花葱科）：5—6 月
(62) 南蛇藤（卫矛科）：5—6 月
(63) 华东葡萄（葡萄科）：5—6 月
(64) 蔓锦葵（锦葵科）：5—6 月
(65) 王瓜葫（芦科）：5—8 月
(66) 鸡血藤（蝶形花科）：5—8 月
(67) 金银花（忍冬科）：5—7 月

6. 六月开花的植物

(1) 栾树（无患子科）：6—9 月
(2) 木荷（山茶科木荷属）：夏初
(3) 银桦（山龙眼科）：夏初
(4) 蒙椴（椴树科）：6—7 月
(5) 女贞（木樨科）：6—7 月
(6) 火焰花、中国无忧花（苏木科）：夏
(7) 合欢（豆科）：6—7 月
(8) 南洋楹（豆科）：春末夏初
(9) 广玉兰（木兰科）：6—7 月
(10) 夜合花（木兰科）：夏、秋
(11) 南五味子（木兰科）：6—9 月
(12) 珊瑚树（忍冬科）
(13) 花榈木（蝶形花科）：6—7 月
(14) 金叶女贞（木樨科）：夏
(15) 金橘（芸香科）
(16) 九里香（芸香科）：夏、秋
(17) 蒲桃（桃金娘科）：夏
(18) 夹竹桃（夹竹桃科）：夏
(19) 小花黄蝉（夹竹桃科）：夏、秋
(20) 乌饭草（杜鹃花科，南烛属）
(21) 乌饭树（杜鹃花科，越橘属）：6—7 月
(22) 米仔兰（楝科）：夏、秋
(23) 蜀葵（锦葵科）：6—8 月

（24）木槿（锦葵科）：6—9 月
（25）扶桑（锦葵科）：夏、秋
（26）黄槿（锦葵科）：夏、秋
（27）八角金盘（五加科）：夏、秋
（28）粉花绣线菊（蔷薇科）：6—7 月
（29）金露梅（蔷薇科）：6—7 月
（30）五色梅、马缨丹（马鞭草科）：夏
（31）臭牡丹（马鞭草科）：6—7 月
（32）八仙花（虎耳草科）：6—7 月
（33）丝兰（龙舌兰科）：6—7 月
（34）紫薇（千屈菜科）：6—9 月
（35）金丝桃（藤黄科）：6—8 月
（36）千屈菜（千屈菜科）：6—10 月
（37）大花六道木（忍冬科）：6—11 月
（38. 地葱野（牡丹科）：6—8 月
（39）香蒲（香蒲科）：6—7 月
（40）佛甲草（景天科）
（41）再力花（竹芋科）：夏、秋
（42）德国景天（景天科）：6—7 月
（43）彩叶芋（天南星科）：夏
（44）矮牵（牛茄科）：6—9 月
（45）宿根福禄考（花葱科）：6—8 月
（46）百里香（唇形科）：6—9 月
（47）银叶菊（菊科）：6—9 月
（48）千叶蓍（菊科）：6—10 月
（49）万寿菊（菊科）：6—10 月
（50）孔雀草（菊科）：6—10 月
（51）百日草、五色梅、秋罗（菊科）：6—10 月
（52）花叶燕麦草（禾本科）：6—7 月
（53）蓝羊茅（禾本科）：5—6 月
（54）淡竹叶（禾本科）：6—10 月
（55）玉带草（禾本科）：夏
（56）杜若鸭（跖草科）：6—7 月
（57）万年青（百合科）：6—8 月
（58）玉簪（百合科）：6—7 月
（59）万年青（百合科）：6—7 月
（60）沿阶草、麦冬、书带草（百合科）：6—7 月
（61）射干（鸢尾科）：6—8 月
（62）马兜铃（马兜铃科）：6—7H
（63）香雪球（十字花科）：6—10 月
（64）何首乌（蓼科）：6—9 月
（65）醉鱼草（马钱科）：6—8 月
（66）铁线莲（毛莨科）：夏
（67）香花崖豆藤（豆科）：6—7 月
（68）乌蔹莓（葡萄科）：6 — 7 月
（69）爬山虎（葡萄科）：6—7 月
（70）鸡矢藤（茜草科）：6—7 月
（71）月见草（柳叶菜科）：6—9 月
（72）茑萝（旋花科）：夏、秋
（73）唐菖蒲（鸢尾科）：夏、秋
（74）美人蕉（美人蕉科）：夏、秋
（75）睡莲（睡莲科）：6—8 月
（76）荷花（睡莲科）：6—9 月

7. 七月开花的植物

（1）杜英（杜英科）
（2）苏铁（苏铁科）：7—8 月
（3）紫穗（槐豆科、蝶形花亚科）：7—8 月
（4）国槐（豆科槐属）：7—8 月
（5）矮紫薇（千屈菜科）：7—9 月
（6）海州常山（马鞭草科）：7—8 月
（7）糯米条（忍冬科）：7—9 月
（8）十大功劳（小檗科）：7—10 月
（9）水蜡（木樨科）
（10）小叶女贞（木犀科）：7—8 月
（11）木香（菊科）：7 — 8 月
（12）宿根天人菊（菊科）：7—8 月
（13）大吴风草（菊科）：7—11 月
（14）求米草（禾本科）：7—11 月
（15）阔叶山麦冬（百合科）：7—8 月
（16）火星花（鸢尾科）
（17）水鬼蕉（石蒜科）：7—8 月

（18）石蒜（石蒜科）：7—9 月

（19）夜来香、晚香玉（石蒜科）：7—11 月

（20）单叶蔓荆（马鞭草科）：7—11 月

（21）绞股蓝（葫芦科）：7—9 月

（22）凌霄（紫葳科）：7—9 月

（23）鸡冠花（苋科）：7—10 月

（24）一串红（唇形科）：7—10 月

（25）凤眼莲（雨久花科）：7—9 月

8. 八月开花的植物

（1）葱兰（石蒜科）：8—11 月

（2）姜花（姜科）：8—11 月

（3）葡萄（葡萄科）：8—9 月

（4）中华常春藤（五加科）：8—9 月

9. 九月开花的植物

（1）桂花（木樨科）

（2）虎刺梅、铁海棠（大戟科）：秋、冬

（3）木芙蓉（锦葵科）：9—10 月

（4）铁刀木（苏木科）：9—12 月

（5）海南红豆（蝶形花科）：秋

（6）洒金珊瑚（山茱萸科）：秋

（7）野菊（菊科）：9—11 月

（8）血草（禾本科）：夏末

（9）营芒花、五节芒（禾本科）：秋

（10）吉祥草（百合科）：9—11 月

（11）凤尾兰（百合科）：9—11 月

（12）鹅掌柴（五加科）：秋、冬

（13）常春藤（五加科）：9—12 月

10. 十月开花的植物

（1）羊蹄甲（苏木科）

（2）胡颓子（胡颓子科）：10—11 月

（3）八角金盘（五加科）：10—11 月

（4）亚菊（菊科）：10—11 月

（5）油茶（山茶科）：10—12 月

11. 十一月开花的植物

梅（蔷薇科）：11 月至次年 4 月

12. 十二月开花的植物

（1）山茶（山茶科）：冬至次年春

（2）滇山茶（山茶科）：12 月至次年 4 月

（3）珊瑚朴（榆科）：冬至早春

（4）鹅掌柴（五加科）：冬

（5）叶子花、九重葛、三角花（紫茉莉科）：冬

（6）蜡梅（蜡梅科）：12 月至次年 3 月

13. 全年开花

双荚决明、金边黄槐（豆科、苏木科）

第二章　植物配置造景设计

学习目的与要求：

（1）了解不同类型植物在造景中的作用、用法。

（2）了解不同类型植物的配置规律。

本章重点和难点：

（1）不同类型植物在造景中的作用、用法。

（2）不同类型植物的配置规律。

植物是景观营造要素的重要组织部分，它不但能满足景观的空间构成、时间构成、艺术构图的需要，为人们提供遮阴、降暑、防灾等功能要求，更是生态系统的初级生产者，是大多数生物种类的栖息地，是园林景观的生命象征。城市环境绿化是否能达到实用、经济、美观的景观效果，在很大程度上取决于园林植物的选择与配置。

景观植物配置就是按植物生态习性和景观布局要求，合理地将各种园林植物（乔灌木、草皮和地被植物等）搭配组置在一起，以发挥它们的生态功能和观赏特性。

第一节　植物配置的原则

一、简洁

简洁是表现美的条件之一，简洁的线形、形状总是比复杂的更具有吸引力。在植物景观空间中创造简洁的最常用的方法就是重复。重复可以通过植物的形态、色彩、质感来体现。

具有相同的形态、质感或色彩的不同植物可以通过这一特征的重复统一整个植物空间，既单纯又不乏变化。植物形态的重复将带给观赏者视觉上的舒适感、宁静感，并形成似曾相识的亲切感。

在空间中可以运用各种特征完全一致的植物的重复，一般在形成覆盖式植物空间和竖向植物空间中运用较多，但景观十分单纯，没有变化，过长会令人感到单调。另外，设计中可以采取植物组群重复的手法，或者使每一组植物组群的 1/3 与相邻的组相同，这种重复表现出了一定的变化。或确定重复植物的大小、形态、色彩、质感等特征至少有一种是具有变化的，这样使得组群、空间之间都有了联系，形成了统一。（图 2-1）

二、多样性

过于单纯的构图会令观赏者感到平淡单调，利用多样性则可以控制过多的重复，引发人们的兴趣。多样性形成的方式有对比、相似两种。对比将产生强烈的视觉效果，形成跳跃感；而相似的多样是平缓的，给人带来宁静、平和的感觉。多样性的体现并不是将所有无关紧要的东西进行排列组合，过多的变化只会导致混乱，而应在具有一种控制性的贯穿整个构图的植物种类之后进行变化。构图基础的植物称为基调植物，用于调整构图的植物称为重点植物，实际上无论植物空间中哪种视觉要素发生了变化，多样性都产生了。（图 2-2）

通过基调植物统一构图，利用强有力的重点植物形成焦点，具有多样统一性。在表现多样性的同时，也要考虑统一的形成，在 3 ～ 7 种不同种植物组成的植物组群中，主要表现形态、色彩、质感中某两种植物特征，大多数植物的这两种特征均相似，或者在 8 ～ 15 种植物组成的植物组群中，大多数植物有一种特征相似，因而整个植物景观可形成多样统一。

三、强调

在植物景观空间中，强调打破了植物材料的秩序和模式，吸引了人们的注意力以控制空间构图。植物景观中强调作用通常由主景植物来实现。主景植物的选择应考虑其形态、色彩或质感在该植物群体中是否足够突出。

此外 , 植物间距的差异亦可形成强调。植物按一定间距种植形成秩序 , 直到间距发生变化 , 这时变化的植物将很容易被看到而形成强调。还可以利用线形植物引导视线 , 视线的终点亦可形成一个焦点。（图 2-3）

图 2-1

图 2-2

图 2-3

四、均衡

在植物景观空间中，均衡是指植物之间的各种要素的平衡状态。构图中，首先要确定均衡中心。作为均衡中心的植物景观在形态、色彩、质感上应该是强有力的，中心的明确标定可以避免构图的散漫和混乱。均衡也体现在景深方面，必须保持视线中前景、中景和背景植物的均衡。如果缺少了前景或背景，空间就没有了层次，画面的均衡就无从谈起。另外，前景与背景植物的形态、色彩、质感处理应相对平淡一些，从而突出中景植物，形成均衡感。

均衡可以分为对称的均衡和不对称的均衡两种形式。植物景观的对称均衡是非常明显的。在它的构图中心设置焦点，左右两边形成植物重复，构图稳重。利用中心两旁的垂直形象可以起到强调均衡中心的作用，通常具有引导作用。不对称的均衡中心不放置在中央，形成在形式上具有变化的均衡。这种视觉上的不规则均衡，是各组成要素比重的感觉问题。这里的比重是指植物的形态、色彩、质感。

五、比例

合宜的尺度使人亲切，可以唤起人们的情感。因此在植物空间设计中要注重植物与植物、植物与群落之间的比例关系，使植物空间景观尺度得体合宜，如图 2-4 所示。

在植物景观设计中，比例适度是设计中的重要因素。人们总是习惯于在所看到的物体上寻找与自己有关的形象联系来加以比较。合宜的尺度，使人亲切，可以唤起人们的情感。对于比例的研究自古就有，其中比较典型的美的比例包括黄金比、平方根矩形，它对于形成形式优美的构图有着重要的意义，在对植物景观平面、立面的比例研究中也蕴涵着典型的比例关系。因此在植物空间设计中要注重植物与植物、植物与群落之间的比例关系，使植物空间景观尺度得体合宜，如图 2-5 所示。

图 2-4

图 2-5

第二节　植物空间要素

由植物材料形成的空间一般是指由地面、立面和顶面单独或者共同组成的具有实在性或暗示性的范围组合。这样的园林空间在地面上，以不同高度和各种类型的地被植物、矮灌木等来暗示空间边界。立面上则可通过树干、树冠的疏密和分枝的高度来影响空间的闭合感。因此，合理利用植物丰富的造型与组合搭配，能够创造出各具特色的空间景观。

一、空间形成要素

构成植物空间的形态限定要素有：基面、垂直面、顶面。正是这三种限定要素的组合和变化而形成了形式多样的植物空间。

1. 基面

基面形成了最基本的空间范围的暗示，保持着空间视线与其周边环境的通透与连续。植物景观空间中，常常用草坪、模纹花坛、花坛、低矮的地被植物等作为植物空间的基面。（图 2-6）

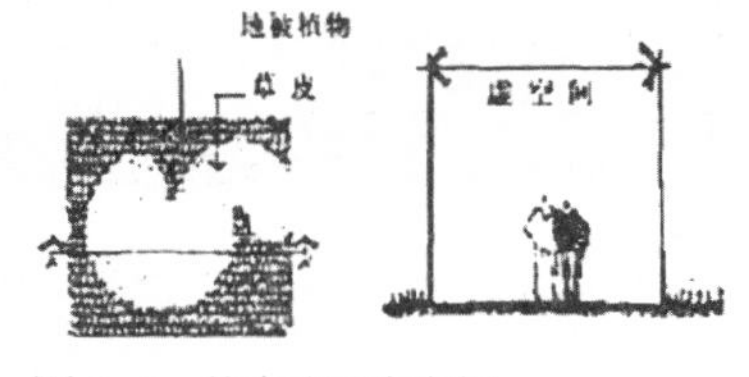

图 2-6　基本暗示虚空间

2. 垂直面

垂直面是园林植物空间形成中最重要的要素，形成了明确的空间范围和强烈的空间围合感，在植物空间形成中的作用明显强于基面。主要包括绿篱和绿墙、树墙、树群、丛林、格栅和棚架等多种形式。（图 2-7）

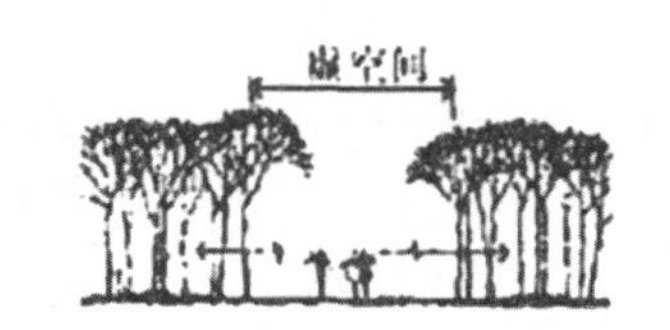

图 2-7　树干构成的虚空间

植物作为垂直面组合园林植物空间时，主要表现在视觉性封闭和物质性封闭两个不同的层面。视觉性封闭是利用植物进行空间的划分和视觉的组织，而物质性封闭表现为利用植物的栽植来形成容许或限制人进出的空间暗示，如图 2-8 至图 2-12 所示。

图 2-8　视觉与物质性完全封闭的植物空间

图 2-9　视觉性部分封闭、物质性完全封闭的植物空间

图 2-10　视觉性部分封闭、物质性完全开敞的植物空间

图 2-11　视觉性完全开敞、物质性完全封闭的植物空间

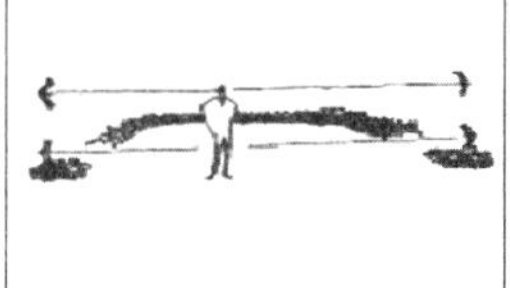
图 2-12　视觉性完全开敞、物质性完全开敞的植物空间

3. 顶面

天空是园林植物空间中最基本的顶面构图因素，另外由单独的树木林冠、成片的树木、攀援植物结合的棚架等也能形成植物空间的顶面。

顶面的特征与枝叶密度、分枝点高度以及种植形式密切相关，并且存在着空间感受的变化。夏季枝叶繁茂，遮阴蔽日，封闭感最强烈，而冬季落叶植物则以枝条组成覆盖面，视线通透，封闭感最弱，如图 2-13 所示。

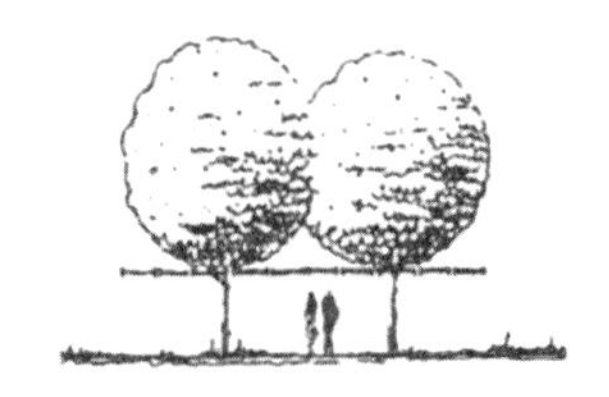
图 2-13　树冠形成的覆盖空间

二、植物形态要素

1. 植物的外形

植物的整体形态是指植物的树枝、树干、生长方向、树叶数量等因素的整体外观表象。通常植物形态的基本类型可分为：圆球形、椭圆形、锥形、圆柱形、垂枝形、水平展开形和不规则形等。（图 2-14、图 2-15）

（1）纺锤形

其形态细窄长，顶部尖细。在设计中，通过引导视线向上的方式，突出空间的垂直面。能为一个植物群和空间提供一种垂直感和高度感。当与低矮的圆球形或展开形植物种植在一起时，其对比十分强烈。但如在设计中用的数量过多，会造成过多的视线焦点，使构图“跳跃”破碎。（图 2-16）

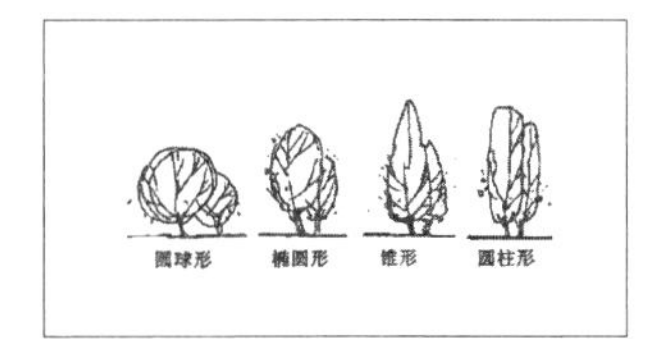

图 2-14

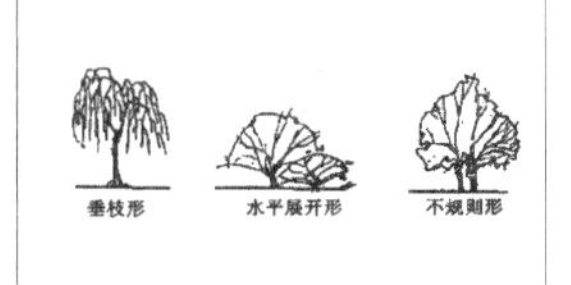

图 2-15

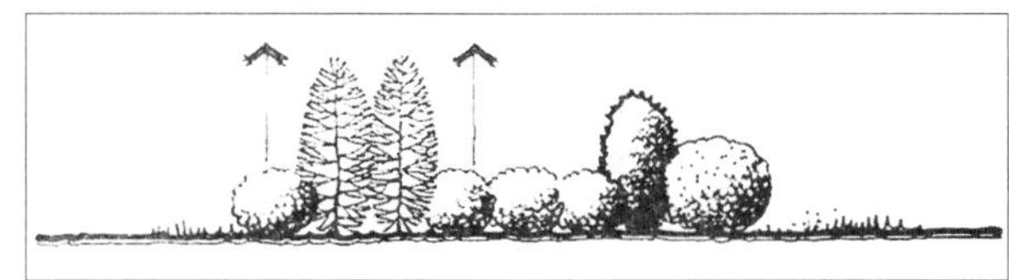
图 2-16

2. 圆柱形

除了顶是圆的，其他与纺锤形相同，具有垂直方向性。因此与纺锤形具有相似的设计用途，加强立面高度，创造构图焦点。

3. 水平展开形

具有水平方向生长的习性，故宽和高几乎相等。其形状能使设计构图产生一种宽阔感和外延感，会引导视线沿水平方向移动。通常用于布局中从视线的水平方向联系其他植物形态。宜重复地灵活使用，效果最佳。在构图中既能与垂直的纺锤形和圆柱形植物形成对比效果，又能在水平方向上联系其他形态。其与平坦地形、低矮水平延伸的建筑物十分协调。（图 2-17）

（4）圆球形

具有明显的圆环或球形形状，是植物类型中数量最多的种类之一。在引导视线方面既无方向性，也无倾向性，因此，在构图中，可以随意使用，而不会破坏设计的统一性。圆球形植物外形圆柔温和，可以作为背景调和其他外形较强烈的形体，也可以和其他曲线形的因素互相配合、呼应，形成视觉中心，不破坏构图的协调感。（图 2-18）

（5）圆锥形

外观呈圆锥状，整个形体从底部逐渐向上收缩，最后在顶部形成尖头。该类植物可以用来作为视觉景观的重点，也可与尖塔形的建筑物或是尖耸的山巅相呼应。一般不适合在无山峰的平地使用。也可用在硬性的、几何形状的传统建筑设计中。（图 2-19）

（6）垂枝形

具有明显的悬垂或下弯的枝条。在设计中，具有将视线引向地面的作用，因此可以用在引导视线向上的树形之后。最理想的做法是将该类植物种在种植池的边沿或地面的高处，用以创造柔和的线条，成为与地面的视线纽带。（图 2-20）

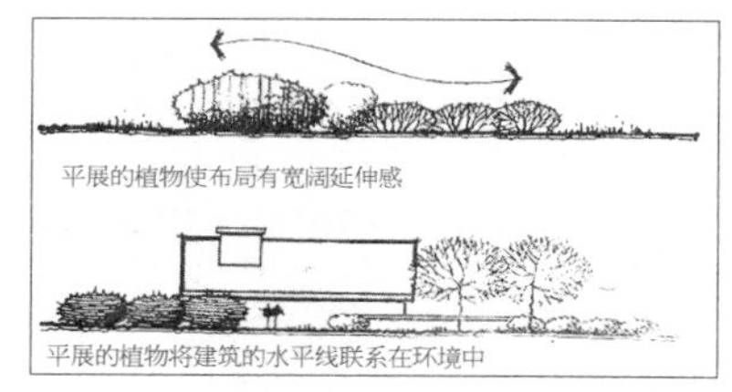

平展的植物使布局有宽阔延伸感
平展的植物将建筑的水平线联系在环境中

图 2-17

图 2-18

圆锥形植物在圆球形和展开形植物中的突出作用

图 2-19

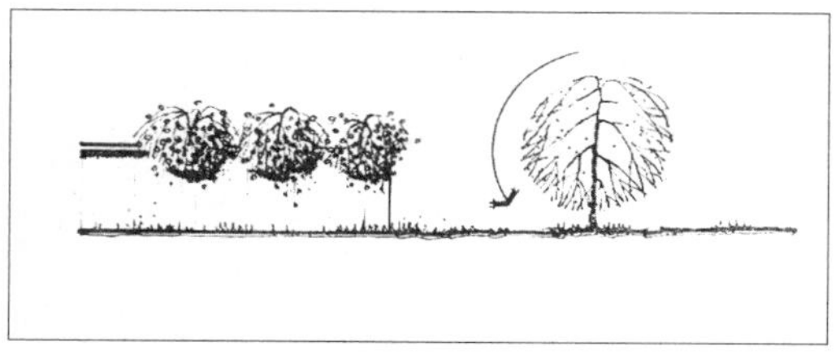
图 2-20

（7）特殊形

由于它们具有不同凡响的外貌、奇特的造型，这类植物最好作为孤植树，放在突出的设计位置上，吸引人的视线，构成独特的景观效果。

2. 植物的色彩

园林植物的色彩千变万化，主要通过叶、花、果以及树皮等来呈现。植物的色彩影响植物空间的距离感和尺度感，鲜艳的色彩使空间距离变短、尺度缩小，如红色能穿透距离迅速作用于人的眼睛，拉近空间的距离感。冷色能增大空间的尺度感。

在高级住宅的道路旁，总体格调高雅、古朴，可选用紫色调的植物来突出高雅、神秘的氛围；而在以销售黄金钻石为主的街道空间中，植物可选用黄色基调的树种，如黄花槐等来营造空间。

深绿色能给整个构图和其所在空间带来一种坚实凝重的感觉，成为设计中具有稳定作用的角色。深绿色还能使空间显得恬静、安详，但若过多使用该种色彩，会给室外空间带来阴森沉闷感。

浅绿色植物能使一个空间产生明亮、轻快感。除在视觉上有飘离观赏者的感觉外，同时给人欢欣、愉快和兴奋感。（图 2-21）

一般说来深色植物通常安排在底层，使构图保持稳定，与此同时，浅色安排在上层使构图轻快。深色还可以作为浅色的衬托背景使用。（图 2-22）

在设计处理所需要的色彩时，应以中间绿色为主，其他色调为辅。在一个总体布局中，只能在特定的场合中保留少数特殊色彩的绿色植物。（图 2-23）

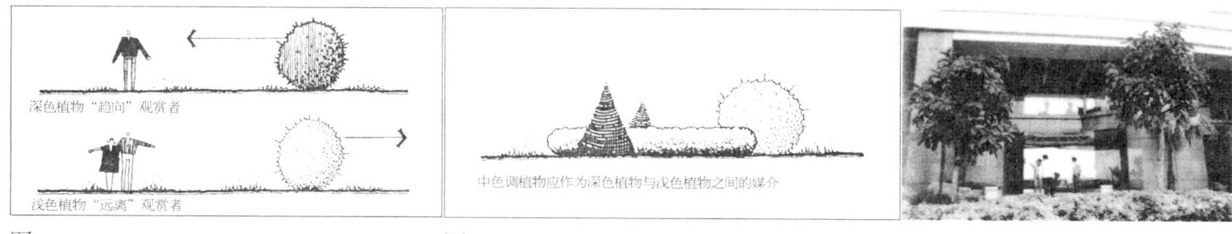

图 2-21　　图 2-22　　图 2-23

3. 植物的质地

植物的质感，是指单株植物或群体植物直观的粗糙感和光滑感。它受植物叶片的大小、枝条的长短、树皮的外形、植物的综合生长习性，以及观赏植物的距离等因素的影响。

不同的质感给人们带来不同的空间感受，以粗质型植物组合的植物空间具有减小空间尺度的倾向，还具有较大的明暗变化，多用于不规则景观中，极难适应那些要求整洁的形式和鲜明轮廓的规则景观。粗壮型的树木通常由大叶片、浓密而粗壮的树干，以及松疏的生长习性而形成。粗壮型植物观赏价值高，可在设计中作为焦点，以吸引观赏者的注意力，或使设计显示出强壮感。中粗型是指那些具有中等大小叶片、枝干以及具有适度密度的植物。中粗型植物透光性较差，而轮廓明显，中粗植物还具有将整个布局中的各个成分连接成一个统一整体的能力。中粗型植物是设计的基本结构，充当粗壮型和细小型植物之间的过渡成分。而细质型的植物有使空间扩大的作用。（图 2-24）

单纯的质感可以使植物空间统一，而多样的质感可以使植物空间活跃变化或杂乱无章。

另外，观赏者与植物之间的距离对质感的感受也有影响。当人与植物的距离在植株高度 H 范围内时，看到植物的枝叶的质感；当人与植物的距离在 2H 以内时，看到植株整体的质感；当人与植物的距离达到 3H 以上时，看到植物群体的质感。（图 2-25）

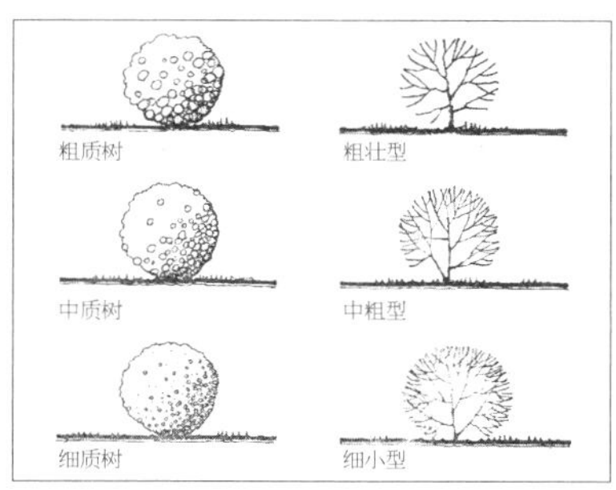

图 2-24

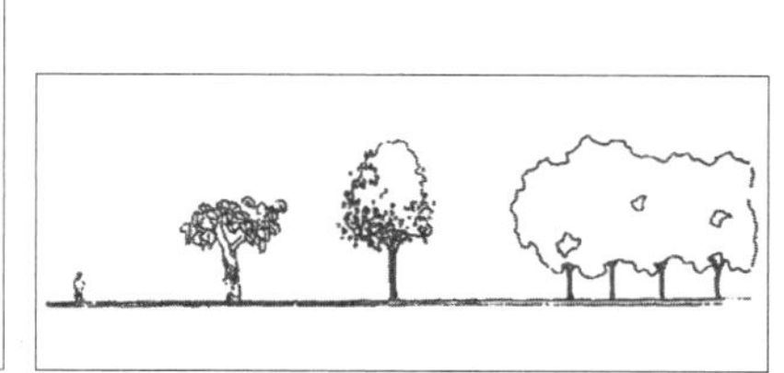

图 2-25　距离对植物质感的影响

图 2-26　季相变化对空间的影响

4. 植物的气味

植物的气味是植物挥发的某种化学物质以分子的状态飘浮在空气中，刺激人类的嗅觉而引起的。可以通过地形的组织，创造封闭的环境来形成以芳香为主题的植物空间。如拙政园的远香堂周围水面遍植荷花，荷花开时远远地就能闻到香味。这样的植物空间就具有独特的吸引力，从而造就了该空间的总体气氛。

5. 植物的季相变化

植物的春花、夏荫、秋叶和冬实形成了植物的季相变化。当植物空间由落叶植物围合时，空间围合的程度会随着季节的变化而变化。 夏季，具有浓密树叶的树丛能形成一个个闭合的空间，视线被阻隔，而随着植物的落叶，视线逐渐能延伸到限定空间以外，空间产生流动，显得更大、更空旷，而空间范围主要是依靠枝条来限定了。（图 2-26）

6. 植物的文化内涵

植物蕴涵着不同的精神意蕴，自古以来，中国人将植物“拟人化”地赋予其特殊的精神品质。植物的文化内涵直接影响了空间的立意和人们的心理感受。

如梧桐树是江苏南京重要的“城市名片”。枝繁叶茂的梧桐树既是南京靓丽的风景，也是南京人对这座城市归属的精神寄托，更是这座城市的灵魂，如图 2-27 所示。

除了用具有某种文化韵意的植物来表达情感，还有用具有乡土文化属性的植物来体现环境主题，如海南省，一踏上旅游城市三亚，映入眼帘的就是路两侧的椰树，一株株椰子树，高耸挺拔，长矛似的阔叶向四周伸展，仿佛一柄巨大的绿伞，一簇簇的椰子垂悬在树干上，如图 2-28 所示。又如茂名市是全国著名的水果之乡，以龙眼树、木菠萝树等乡土树种做行道树，展示了街道景观的新特色和突出了果乡的城市特性，这也是属于营造植物造景意境的一种隐喻手法。

三、植物空间组织

植物像其他建筑、山水一样，具有构成空间、分隔空间、引导空间变化的作用。枝繁叶茂的高大乔木，可视为单体建筑。一定株数的乔木栽植成林荫绿带、各种片林，能形成以线状、面状为主要形态特征的环境空间。攀援类植物通常被用为廊架、围墙、屋顶的绿化，能分隔组织空间、遮隐建筑物，增强其安全性和私密性，也可构成框景效果，还可修饰硬质景观的外轮廓线。

由于植物材料的多样性和本身形态特征的影响，植物造景在空间上的变化，呈现出了明显的多样化、时序性和生命力的特征。

图 2-27

图 2-28

图 2-29

1. 开敞空间

人的视平线高于四周景物的空间，称为开敞空间，它外向、无私密性。园林中由低矮植物营造的开敞空间气氛明快、开朗，常成为人们良好的游憩活动场所，如图 2-29 所示。如茵的草坪、斑斓的花卉、矮小的灌木等植物材料营造的空间均能达到此种效果。

仅用低矮灌木及地被植物作为空间限制因素。这种空间四周开敞，外向，无隐秘性，并完全暴露于天空和阳光下。

2. 半开敞空间

园林中以植物材料为主营造的半开敞空间有两种表现形式：一种是指人的视线被四周植物的枝干等部分遮挡，人的视线透过稀疏的树干可到达远处的空间；另一种则是指空间开敞程度小，单方向，常用于一面需隐秘性，而另一面需景观的环境中，在大型水体旁也很常用。这两种空间在形式上虽不完全相同，但有着共同的特点，即二者都不是完全开敞，也没有完全闭合，身处其中，人的视线时而通透，时而受阻，富于变化，如图 2-30 所示。

该空间与开敞空间相似，它的空间一面或多面部分受到较高植物的封闭，限制了视线的穿透。这种空间与开敞空间有相似的特性，不过开敞程度较小，其方向性指向封闭较差的开敞面。

这种空间通常适于用在一面需要隐密性，而另一侧又需要景观的居民住宅环境中。

3. 覆盖空间

是指由树冠浓密的遮阴乔木构成的顶面被覆盖，而立面为空透的空间，能带给人较强的归属感。同时由于树冠的厚度和质感不同，能产生不同的遮阴效果，为人们创造舒适的游憩环境，如图 2-31 所示。值得注意的是，这种由植物营造的覆盖空间与许多由园林建筑营造的顶面覆盖，四周开敞的空间具有一定程度的相似性，如果抛开具体的形象、质感等方面的区别不谈，那么它们带给人的空间感受则是较为类似的。

利用具有浓密树冠的遮阴树，构成一顶部覆盖而四周开敞的空间。一般说来，该空间为夹在树冠和地面之间的宽阔空间，人们能穿行或站立在树干之中。

另一种类似与此种空间的是“隧道式”（绿色走廊）空间，是由道路两旁的行道树交冠遮阴形成。这种布置增强了道路直线前进的运动感。

4. 全封闭空间

由基面、竖向分隔面和覆盖面共同构成的林下空间，利用乔木树冠形成的覆盖面隔离向上的视线，同时林下灌木对视线的流动产生阻挡，人的视线四周均被植物所围合，形成视线的封闭，称为封闭空间，它无方向性，具有私密性、隔离性，如图 2-32 所示。

这种空间与覆盖空间相似，但最大的差别在于，这类空间的四周均被中小型植物所封闭，这种空间常见于森林中，相当黑暗，无方向性，具有极强的隐秘性和隔离感。

5. 垂直空间

空间由基面和竖向分隔面构成，植物冠幅较窄，主要利用椭圆形、圆锥形、圆柱形的植物自身或与灌木结合，在竖向分隔面上封闭视线，形成竖向上的方向感，将人的视线导向空中，如图 2-33 所示。

运用高而细的植物能构成一个方向直立、朝天开敞的室外空间。设计要求垂直感的强弱，取决于四周开敞的程度。这种空间尽可能用圆锥形植物，越高则空间越大，而树冠则越来越小。

图 2-30

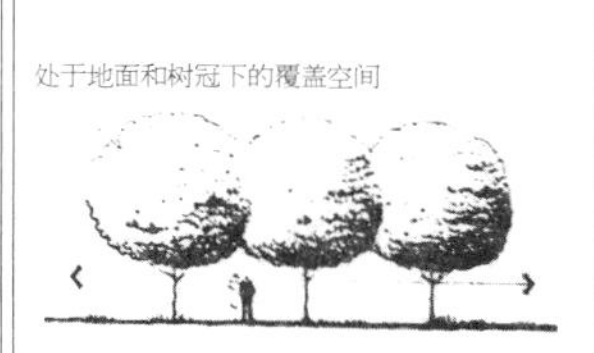

图 2-31

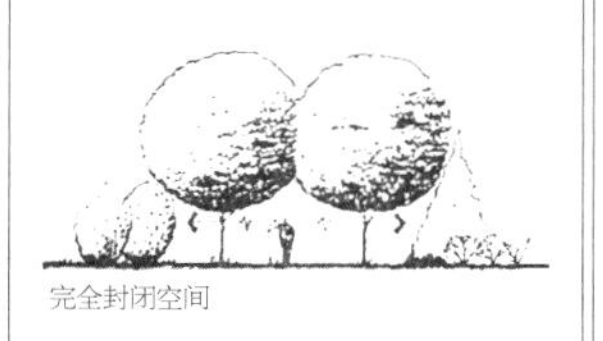

图 2-32

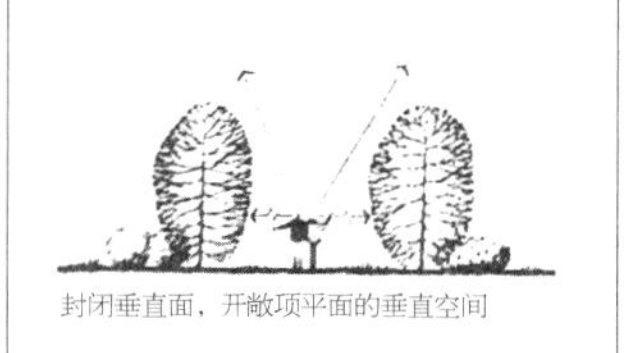

图 2-33

第三节　植物配置的方式

一、平面配置方式

按植物种植点的平面配置方式可分为规则式、自然式和组合式配置三种。（图 2-34）

1. 规则式配置

规则式是植株的株行距和角度按照一定的规律进行种植的配置方式，特点是由中轴对称，株行距固定，同向可以反复延伸，排列整齐一致，表现严谨规整，且有九种配置方式。

（1）中心式配置

一般在空间的中心作强调性栽植，如在广场、花坛等中心位置种植单株或具整体感的单丛。

（2）对称式配置

一般是在空间的进出口、建筑物前或纪念物两侧对称地栽植，一对或多对，两边呼应，大小一致，整齐美观，如图 2-35 至图 2-37 所示。

（3）行状配置

保持一定株行距成行状排列，有单行、双行或多行等方式，也称列植，如图 2-38 所示。

（4）正方形配置

行距相等的成片种植，实际上就是两行或多行配置。

（5）三角形配置

有正三角形或等腰三角形等配置方式。正三角形方式有利于树冠与根系的平衡发展，可充分利用空间，如图 2-39 所示。

（6）圆形配置

按一定的株行距将植株种植成圆环。这种方式又可分成圆形、半圆形、全环形、弧形及双环、多环、双弧等多种变化方式，如图 2-40 所示。

（7）长方形配置

株行距不等，其特点是正方形配置的变形。

（8）多边形配置

按一定株行距沿多边形种植。它可以是单行的，也可以是多行的，可以是连

图 2-34　图 2-35　图 2-37　图 2-36

图 2-38　行列式规则式配置

图 2-39　等边三角形规则式配置

图 2-40

续的，也可以是不连续的多边形。

（9）多角形配置

包括单星、复星、多角星、非连续多角形，如图 2-41 所示。

2. 自然式配置

多选树形或树体部分美观或奇特的品种，以不规则的株行距配置成各种形式。植物构图上讲究不等边三角形的构图原则。不要求株距或行距一定，不安排中轴对称排列，不论组成树木的株数或种类多少，均要求搭配自然。其中又有不等边三角形配置和镶嵌式配置的区别，如图 2-42、图 2-43 所示。

3. 组合式

在某一植物造景中同时采用规则式和不规则式相结合的配置方式，称为混合式配置。在实践中，一般以某一种方式为主而以另一种方式为辅结合使用。要求因地制宜，融洽协调，注意过渡转化自然，强调整体的相关性，如图 2-44 至图 2-48 所示。

图 2-41　图 2-42　图 2-43　图 2-44

图 2-45　图 2-46　图 2-47　图 2-48

自然界的植物群落，具有天然的植物组成和自然景观，是自然式植物配置的艺术创作源泉。中国古典园林和较大的公园、风景区中，植物配置通常采用自然式，但在局部地区、特别是主体建筑物附近和主干道路旁侧也采用规则式，如图 2-49、图 2-50 所示。

图 2-49

图 2-50

二、植物景观配置

1. 木本植物

（1）孤植

即单独种植的树木，显示树木的个体美，常作为园林空间的主景。多用于大片草坪上、花坛中心、

图 2-51

图 2-52

道路交叉点、道路转折点、缓坡、平阔的湖池岸边、小庭院的一角与山石相互成景之处等。

孤植树的主要功能是遮阴并作为观赏的主景、突出树木的个体功能，以及建筑物的背景和侧景，对比与烘托环境。孤植树种如果选择适当、配置得体，就会起到画龙点睛的作用，应该选择体形高大、枝叶茂密、树冠开展、姿态优美、适生、健壮、长寿、病虫害少、观赏价值较高的树种。

广义地说，孤植树并不等于只种 1 株树。有时为了构图需要，增强繁茂、雄伟的感觉，常用 2 株或 3 株同一品种的树木，紧密地种于一处，形成一个单元，在感觉上，宛如一株多杆丛生的大树。这样的树，也被称为孤植树，如图 2-51 所示。

在草坪上，用高大乔木树孤植，修剪成伞状造型。这一自然式配置以模仿自然、强调变化为主，具有活泼、愉快、幽雅的自然情调。常用于广场、花坛、树坛的中心，如图 2-52 所示。

孤植主要显示树木的个体美，常作为园林空间的主景，如图 2-53 所示。对孤植树木的要求是：姿态优美，色彩鲜明，体形略大，寿命长而有特色。周围配置其他树木，应保持合适的观赏距离。在珍贵的古树名木周围，不可栽植其他乔木和灌木，以保持它独特风姿。用于庇荫和孤植树木，要求树冠宽大，枝叶浓密，叶片大，病虫害少，以圆球形、伞形树冠为好。

孤植配植时应注意，作为构图的主景，种植地势要高，周边空旷，在较佳观赏视线内无障景，种植于草地、临水岸边、道路中央、道路转折处等。在转弯处、道路中央视线开阔的区域宜用树形优美、色系艳丽的树种；在树群、建筑物前用孤植树，注意色彩的对比。

（2）对植

体量大致相等的树木按一定的轴线关系对称式种植，对植即对称地种植大致相等数量的树木，多应用于园门、建筑物入口、广场或桥头的两旁。在自然式种植中，则不要求绝对对称，对植时也应保持形态的均衡，如图 2-54 所示。

对植之树种，要求外形整齐美观，两株大体一致。通常多用常绿树，如脍柏、龙柏、云杉、海桐、桂花、柳杉、罗汉松、广玉兰等。

（3）列植

列植也称带植，是对植的延伸，是成行成带栽植树木，多应用于街道、公路的两旁，或规则式广场的周围。如用作园林景物的背景或隔离措施，一般宜密植，形成树屏，如图 2-55 所示。

将树栽得成排成行，并保持一定的株距。通常为单行或双行，多用一种相互木组成，也有间植搭配。株行距可依据种类和所需的郁闭度来决定。大乔木株行距为 5 ～ 8 米，灌木为 1 ～ 3 米。在必要时亦可植多行，且用数种树木按一定方式排列，如图 2-56 所示。

图 2-53

图 2-54

图 2-55

图 2-56

（4）丛植

按一定的构图方式把一定数量的观赏乔、灌木等，三株以上不同树种自然地组合在一起，统称为丛植，如图 2-57 所示。丛植是植物景观配置中普遍应用的方式，可用作主景或配景，也可用作背景或隔离措施，一般用常绿树种。配置宜自然，符合艺术构图规律，务求既能表现植物的群体美，也能看出树种的个体美。

一个树丛是由两三株至八九株同种或异种树木组成，按其功用可分为两类。即以庇荫为主，同时供观赏用。属于庇荫为主的树丛，多有乔木树种组成，以采用单一树种为宜；属于观赏为主的树丛，则可将不同种类的乔木与灌木混交，且可与宿根花卉相配。丛植要注意很好地处理株间、种间关系，一方面要体现群体美，另一方面要表现组成树丛单株树木的个体美。因此，树丛既要有较强的整体感，又要求某些单株具有独赏的艺术效果，如图 2-58 所示。

丛植的树木紧密地种植在一起，植株的林冠线彼此连接，如图 2-59 所示。在高地上布置大的树丛，在低凹处布置较低的树丛可增强地形变化；在低处用较高的树丛，则可减弱地形的变化，在游览绿地上布置高大的树丛，使人感到近在眼前；布置矮小树丛，则使人具有深远感。

丛植配置中平面布局一般不使用对称、等距，而应选择个体大小、形态有差异的植物；作主景时，种植于开阔、地势高的区域；作配景时，一般起引导视线的作用，在道路的转折处用或种植起分隔空间的作用。

配置时应注意，尽量避免直线、等边三角形种植；三株树体量、高低有别，不超过两种树，最大株与最小株种植近，中等体量的远种植，在平面构图上形成不等边三角形。

（5）群植

群植是由十多株以上、七八十株以下的乔灌木而组成的人工群落，规模比孤立树和树丛大，组成可以是单一树种构成，也可以是多个树种混植；可以是乔木混交，也可以乔、灌木混交；可以是单层，也可以是多层的由相同树种的群体组合，树木的数量较多，以表现群体美为主，具有“成林”之趣。树群组成需要重点，种类不宜太多，以两种乔木为主体，与数种乔木和灌木搭配，而且要考虑树群的林冠线轮廓以及色相、季相变化效果，如图 2-60、图 2-61 所示。

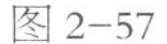

图 2-57

图 2-58

图 2-59　亲水植物的丛植

树群常布置在有较大距离的开阔场地上，乔木以树姿美的种类为主，灌木以开花种类为主，有季相、色彩变化、林冠线、林缘线变化，一般作树丛的衬景，或在草坪和整个绿地的边缘种植。整个树群所用主要树种，原则上均以不超过五种为妥，这样才可以做到相对稳定，

图 2-60

图 2-61

重点突出。如元宝枫，树稍耐荫，又系小乔木，主要为观红叶用，均可三五株掩映于两种大乔木之下方偏前处。榆叶梅喜光、耐旱，但需要排水良好，可在最前方成丛地与元宝枫呈较大块状的混交，以便突出艳红娇丽的春景。

群植在布置上要注意，喜光的乔木树种布局在中央，灌木在外缘，常绿在中央为背景，落叶树在外围。选择植物要更多地考虑群落的内外环境特点，正确处理种内与种间的生态关系、层内与层间的关系，必须保证在较长时间内介质相对的稳定性。不但有形成景观的艺术效果，而且有改善环境的较大效应，如图 2-62、图 2-63 所示。

（6）篱植

篱植所形成的条带状树群是由灌木或小乔木密集栽植而形成的篱式或墙式结构，称之为绿篱或绿墙。一般由单行、双行或多行树木构成，行距较小，但整体轮廓鲜明而整齐。树种常选用常绿的分枝角度高、观赏性高的乔灌木，如小叶女贞、小叶黄杨、木槿、火把果、圆柏、侧柏、杜鹃等。用木樨科女贞属的小叶女贞采取规则式行列种植，做成两列绿篱，中间铺以石板形成园路，兼实用性与观赏性为一体。

组成一般由单一树种组成，常绿、落叶或观花、观果树种均可，但必须具有耐修剪、易萌芽、更新和脚枝不易枯死等特性，如图 2-64、图 2-65 所示。

图 2-62

图 2-63

图 2-64　路间两侧的绿篱

图 2-65　路间两侧的绿篱

2. 花卉

（1）花坛

外部具有一定几何形状的植床内种植不同色彩的观赏植物、低矮花卉，按照设计意图在一定的形体范围内配植成各种图案，栽植观赏植物以表现群体美的设施。花坛多为规则式种植，花材多为时令性花卉，草花为主；温暖地区亦可用观叶木本种类。花坛不仅可以渲染气氛、美化环境，还可以组织交通、分隔空间或标识宣传。

根据设计的形式不同，可分为独立花坛、带状花坛、花坛群。因种植的方式不同，又可分为花丛花坛和模纹花坛。

图 2-66　公园门口的独立花坛

①独立花坛

内部种植观赏植物，外部平面具有一定几何形状的花坛，又作为局部构图的主体，称之独立花坛。长轴与短轴之比一般以小于 2.5 为宜，面积不宜过大。

多布置在公园、小游园、林荫道、广场中央、交叉路口等处，花坛内不设道路，是封闭的，游人不得入内，如图 2-66 所示。

花坛的中部植以寓意招财进宝、大吉大利的芸香科观果植物金橘，周围植以一两年生的观花植物。

②带状花坛

花坛平面的长度为宽度的 3 倍以上者称带状花坛。较长的带状花坛可以分成数段，形成数个相近似的独立花坛连续构图，如图 2-67 所示。

多布置在街道两侧、公园主干道中央，也可作配景布置在建筑墙垣、广场或草地边缘等处。主要种植株低矮、高度一致、开花整齐、开花数量较多、花色鲜艳、植株枝叶繁茂、植物生长势强、抗性强、易于种子繁殖的草花。

③花坛群

由许多花坛组成一个不可分割的构图整体称为花坛群。在花坛群的中心部位可以设置水池、喷泉、纪念碑、雕像等。常用在大型建筑前的广场上或大型规则式的园林中央，游人可以入内游览，如图 2-68 所示。

④花丛花坛

又称盛花花坛、集栽花坛。长短轴之比为 1 ： 1 ～ 3 ： 1，常用开花繁茂、色彩华丽、花期一致的花卉为主体，如图 2-69 所示。

图 2–67　带状花坛

图 2–68　花坛群

图 2–69　盛花花坛

常设在视线较集中的重点地块。要求四季花开不绝。花丛花坛在植物的选择上，应以观花的草本为主，可适度选用常绿及观花小灌木作辅助材料。两年生草花及多年生草花，球根花卉也是花丛花坛的优良材料。适合的种类应具备植株低矮、株型紧密、花朵繁茂、花期较长、花色艳丽、开花整齐等特点。

花丛花坛色彩要求鲜明、艳丽，突出群体的色彩美。花色不宜太多。注意花色的搭配。常用的一年生花卉有：百日草、鸡冠花、万寿菊等。两年生花卉有：三色堇、金盏菊、雏菊、矢车菊等。

⑤模纹花坛

又称镶嵌花坛、图案式花坛。以不同色彩的观叶植物、花叶并美的观赏植物为主，配置成各种美丽的图案纹样，如图 2-70 所示。

在花坛中用观叶植物组成各种精美的装饰图案，表面修剪成整齐的平面或曲面，做成毛毯一样的图案画面，称为毛毡模纹花坛。

在平整的花坛表面修剪具有凹凸浮雕花纹，称为浮雕模纹花坛。

使用一定的钢筋、竹、木为骨架，在其上覆盖泥土种植五色苋等观叶植物，创造时钟、日晷、日历、饰瓶、花篮、动物形象称为立体模纹花坛。

⑥立体花坛

立体造型花坛一般多选择生长慢、低矮、细密、分枝多、耐修剪、枝叶细小的多年生植物为宜，高度不超过 10cm，如五色草。毛毡花坛或浮雕花坛可用观赏期长、株型紧密低矮的观花观叶植物，如彩叶草、五色草、金叶女贞、杜鹃、细叶百日草等，如图 2-71 所示。

高台花坛中央常用株型丰满、花叶花姿美丽的植物作为中心，如棕榈、蒲葵、橡皮树、大叶黄杨、苏铁、加纳利海枣等。

（2）花池

由草皮、花卉等组成的具有一定图案画面的地块称为花池。中国式庭园、宅园内一种传统的美化环境的手法，如图 2-72 所示。

图 2-70　模纹花坛

图 2-71　立体花坛

图 2-72　花池

花池主要分为：草坪花池、花卉花池、综合花池。

①草坪花池

一块修剪整齐而均匀的草地，边缘稍加整理，或布置成行的瓶饰、雕像、装饰花栏等，称为草坪花池。

②花卉花池

在花池中既种草又种花，并可利用它们组成各种花纹或动物造型，称为花卉花池。

③综合花池

花池中既有毛毡图案，又在中央部分种植单色调低矮的两年生花卉，称为综合花池。

（3）花台

花台是一种高出地面的小型花坛，在 40 ～ 100cm 高的空心台座中填土，在其上栽上观赏植物。它是以观赏植物的体形、花色、芳香及花台造型等综合美为主的。（图 2-73）

一般在上面种植小巧玲珑、造型别致的松、竹、梅、丁香、天竺、铺地柏、枸骨、芍药、牡丹、月季等。还可与假山、坐凳、墙基相结合。

（4）花丛

在树林边缘或道路两旁，道路转折处、入口、草坪周围，起点缀作用。由 3 ～ 5 株，甚至十几株的同一种类或不同种类花卉混交，自然式布置花卉。（图 2-74）

图 2-73　花台

图 2-74　花丛

花丛以选用宿根花卉和球根花卉为主，也可以选用野生花卉和自播繁衍的 1 ～ 2 年生花。花丛在设计平面至立面构图上都采用自然式，边缘不处理，花丛植物种类不能太多。

（5）花带

凡沿道路两旁、大建筑物四周、广场内、墙垣、草地边缘等设置的长形或条形花坛，统称花带。花带在植物选择上主要选用两年生花卉。花带的设计平面设计采用自然式，多以草地为背景，花卉单一立面整齐。

（6）花境

花境是自然式花卉布置的带状景观，模拟自然界中各种野生花木交错生长的情景，以树丛、树群、绿篱、矮墙或建筑物作背景，经过艺术处理设计而成的形状各异、规模不一的自然式花带。画境可以增加自然景观、分割空间、组织游览路线，如图 2-75、图 2-76 所示。

图 2–75　花境

图 2–76　菊花花境

花境一般用露地宿根花卉、球根花卉及一、二年生花卉。

3. 草坪类

据计算，草的叶面积比所占地面大 10 倍以上。所以草坪可以防止灰尘再起，减少细菌危害。由于叶面的蒸发作用，可使草坪上方的相对湿度增加 10%～ 20%，减少太阳的热辐射，夏季温度可以降低 1℃～ 3℃，冬季则高 0.8℃～ 4℃左右，因此草坪具有冬暖夏凉之效。草坪覆盖地面，可以防止水土冲刷，维护缓坡绿色景观，冬季可以防止地温下降或地表泥泞。绿色草坪还可以吸收强光中对视力有害的紫外线，保护人们的视力健康。有些草种对毒气反应很敏感，如紫花苜蓿、三叶草对二氧化硫敏感，金钱草对氟化氢反应敏感，万寿菊对氯气反应敏感等，因此，可以利用它们监测环境污染。特别是现代城市园林绿地中的草坪，能连接各个景区，衬托树丛、建筑和水面，使绿地更加宽广，适宜游人休息、赏景活动; 使游人胸怀开朗，心情舒畅，消除疲劳，振奋精神，促进身心健康。 烘托假山、建筑和花木，借以形成优美宽畅的庭园景观，如图 2-77 所示。

图 2–77　路面两旁的草坪

草坪设计类型多种多样。按草坪功能不同，可分为观赏草坪、游憩草坪、体育草坪、护坡草坪、飞机场草坪和放牧草坪等；按草坪组成成分，分为单一草坪、混合草坪和缀花草坪；按草坪季相特征与草坪草生活习性不同，分为夏绿型草坪、冬绿型草坪和常绿型草坪；按草坪与树木组合方式不同，分为空旷草坪、闭锁草坪、开朗草坪、稀疏草坪、疏林草坪和林下草坪；按规划设计的形式不同，分为规划式草坪和自然式草坪；按草坪景观形成不同，分为天然草坪和人工栽培草坪；按使用期长短不同，分为永久性草坪和临时性草坪；按草坪植物科属不同，分为禾草草坪和非禾草草坪等。

4. 水体植物配置

水生植物园是根据植物在不同的水环境条件下的生长特征及生态习性，科学地配置形成的园林景观。适宜的植物配置可以丰富园林的水景，增强水体明净、开朗或幽深的艺术感染力。

（1）远水的植物配置

面积较大的远水之水岸宜疏密不等地配置树群，并使之倒映水中形成如画风景；或乔灌间植、大乔木与小乔木间植，如一行垂柳、一行碧桃，将湖水点缀得更富生气。

（2）近水的植物配置

可采用孤植形式，观赏树木的个体姿韵，如水边植垂柳，嫩绿轻柔的柳丝低垂水面，拂水依依；也可采用丛植形式，如色彩丰富的乔灌木丛植，花红水绿，相映成趣。

（3）水面植物配置

水面植物配置有两种形式：水面全部为植物所布满，适用于小水面或水池及湖面中较独立的一弯水面；部分水面栽植水生植物，园林中应用较多，一般植物所占水面不大于水面的 1/3，以保证有足够的水面形成水中倒影。

水面植物的选择，除气候条件外，应以水面深浅为首要考虑因素。沼泽地至 1 米水深的水面，以植挺水与浮叶植物为适，如荷花、水葱、芦苇、荸荠、慈姑、睡莲、菱等；1 米以上深度的水面以浮水植物为适，如水浮莲、红、绿浮萍等。

水生植物配置可单一栽植，如较大水面种植单一的荷花或芦苇等；也可以混合栽植，但要注意水生植物生态及景观要求，做到主次分明，体形、高低、叶形、叶色及花期、花色对比协调。如香蒲与慈姑搭配，互不干扰，高低姿态有所变化，景观效果较好，而香蒲与荷花配植一起，高低相近，相互干扰，效果不好。

为控制水生植物生长范围，一般应设水生植物栽植床。简单的办法是在池底用砖或混凝土做支墩，上部置盆栽水生植物，若水浅可直接放入栽植盆。大面积栽植可用耐水建筑材料砌栽植床。规则水面，可将水生植物排成图案，形成水上花坛。

三、植物和建筑的配置

1. 植物种植与出入口的配合

出入口的植物一般以常绿植物或是大乔木为主，配以春或夏开花或秋季挂果或变色植物，出入口的植物种植要注意满足功能要求，不影响交通，并能反映突出园林绿地或建筑设施的特点。（图 2-78）

2. 植物种植与道路的配合

（1）与规则的道路配合：一般对称地在路两侧列植单一乔木、常绿，或乔、灌木间植。

（2）与自然园路配合：可双侧或单侧列植，但最好是不规则地在路边孤植或丛植一些植物，以突出自然景观效果，孤植点最好选在转折处，丛植可在路两侧起遮阳及框景的作用，种植点最好选在路南侧，起蔽荫作用。（图 2-79）

（3）做观赏对景：与道路配合时，注意安排植物做观赏对景。（图 2-80）

3. 植物种植与广场的配合

（1）与规则形广场的配合：在广场入口处可对植花木，广场边缘及广场中可列植乔木，广场中的花坛也多为规则的几何形式，如图2-81所示。

图 2-78

图 2-79

图 2-80

图 2-81

（2）与自然式广场的配合：广场的入口可对称对植或均衡对植花木，广场边缘可丛植花木，广场中可丛植乔木，丛植的位置应选择轴线方向或风景视线的焦点。（植物与广场的配合应注意种植点与广场边缘不应太近，以免造成铺装地的损坏，广场外种植点要控制场地轮廓的转折点，使转折显得自然合理，遮阴树种植位置及树种选择应考虑阳光照射方向，常绿树最好在北侧）

4. 植物种植与草坪空间的配合

草坪中可用孤植、丛植、群植的植物做观赏主景，位置应选在道路轴线的沿线交点处，草坪边缘可用花卉、灌木丛控制转折点，种植植物应注意层次关系及景深效果，可近低远高，或近高（只限落叶乔木或分枝点高的常绿乔木）、中低、远高。草坪上的植物材料乔、灌花都可以，配置时要有立意，注意色彩组合及季相变化效果，如图2-82所示。

图 2-82

图 2-83

5. 植物种植与水体的配合

长条形水体及规则水池旁宜用列植、单纯乔木或乔木与灌木相间列植均可，自然水体旁最好不用列植方式而用孤植、丛植的列植方式以突出自然气息，如图 2-83 所示。

6. 植物种植与圆桌、圆凳、圆椅的配合

圆桌、圆凳、圆椅旁最好有遮阴的大乔木，注意乔木的方位，落叶大乔木应在东、南、西侧，常绿植物及灌木宜在北侧，注意选择花香好闻的植物。

7. 植物种植与小庭院的配合

小庭院不宜用太高大的树种，以免显得庭院更小，注意种植点的位置应选择在主要观赏视线上，最好是多向视线的交点处。其他树木种植点应选在墙及角隅有装饰与遮挡作用的位点处，种植形式注意层次关系，上层树木为阳性，下层及建筑北侧植物应有一定耐阴性。

第四节　植物配置的设计程序与原理

一、确定初步方案——确定功能

1. 种植方案构思图：明确植物材料在空间组织、造景、改善基地条件等方面的作用，作出种植方案构思图。

2. 可以粗略地用符号来表示，作用是在合适的地方确定功能，例如障景、遮阴、限制空间以及视线的焦点等，如图 2-84 所示。

3. 功能分区草图：在这一阶段，要研究进行大面积种植的区域，一般不考虑需使用何种植物，或各单株植物的具体分布和配置，应确定植物种植区域的位置和相对面积，而不是在该区域内的植物分布，特殊结构、材料或工程的细节在此均不重要。在许多情形中，为了估价和选择最佳设计方案，往往需拟出几种不同的、可供选择的功能分区草图，如图 2-85、图 2-86 所示。

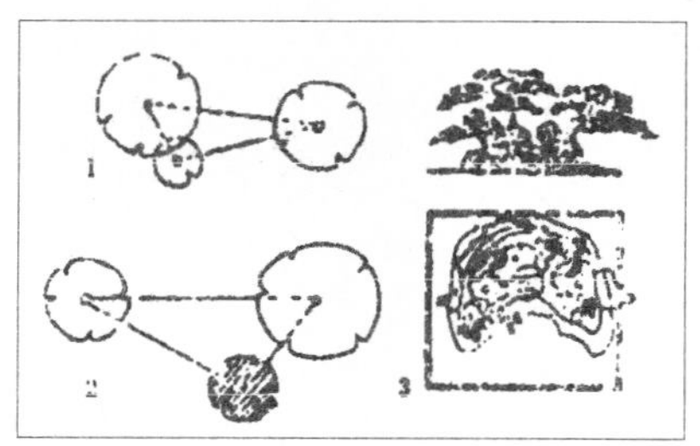
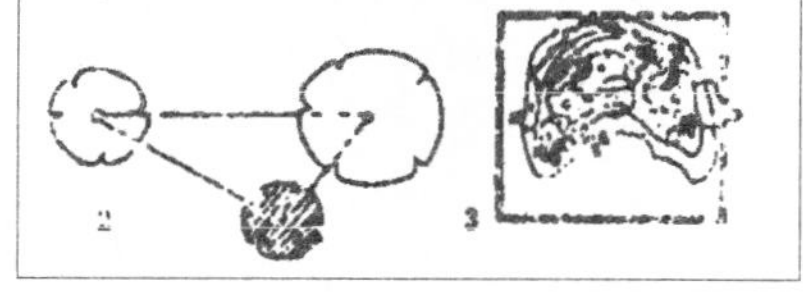
图 2-84

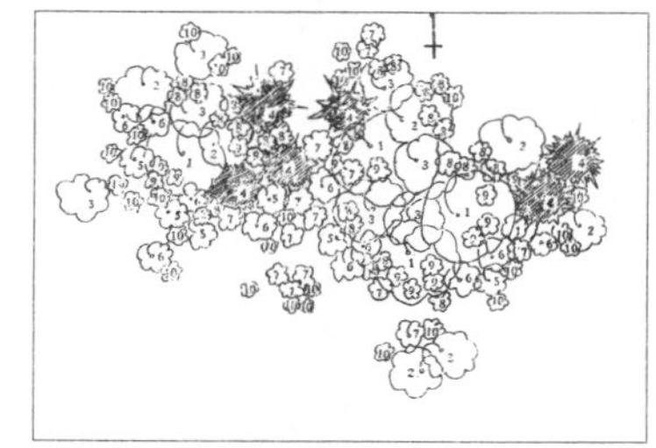

图 2-85

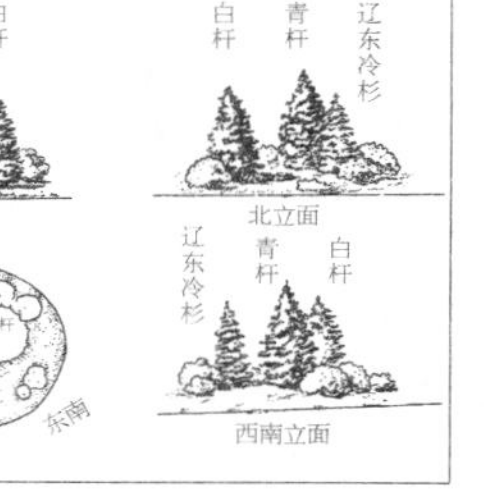

图 2-86

二、选择植物

植物的选择应以基地所在地区的乡土植物种类为主，同时也应考虑已被证明能适应本地生长条件、长势良好的外来或引进的植物种类。

另外还要考虑植物材料的来源是否方便、规格和价格是否合适、养护管理是否容易等因素。

三、种植规划图

在这一阶段，应主要考虑种植区域内部的初步布局，设计师应将种植区域分划成更小的，象征着各种植物类型、大小和形态的区域，应分析植物色彩、质地、形状、大小的关系，如图 2-87 所示。

应考虑种植区域内的高度关系，方法是做出立面的组合图，用概括的方法分析各不同植物区域的相对高度，考虑到不同方向和视点，我们应尽可能画出更多的立面组合图，如图 2-88 所示。

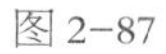
图 2-87

图 2-88

图 2-89

四、详细种植设计

1. 确定植物

在此阶段中应该用植物材料使种植方案中的构思具体化，这包括详细的种植配置平面、植物的种类和数量、种植间距等。确定植物应从植物的形状、色彩、质感、季相变化、生长速度、生长习性、配置在一起的效果等方面去考虑，以满足方案中的各种要求，如图 2-89 所示。

2. 单体植物布置原则

（1）在群体中的单株植物，其成熟程度应在 75% ～ 100%。设计师是根据植物的成熟外观来进行设计，而不是局限于眼前的幼苗来设计。正确的种植方法是，幼树应相互分开，以使它们具有成熟后的间隔空间，一旦设计趋于成熟，则不应再出现任何空隙。

（2）在群体中布置单体植物时，应使它们之间有轻微的重叠，为视觉统一的缘故，单体植物的相互重叠面，基本上为各植物直径的 1/4 ～ 1/3。具有过多的单体植物的植物布局，被称为“散点布局”。

（3）排列单体主物的原则，是它们按奇数，如 3、5、7 等组合成一组，每组树木不宜过多，这是一条基本设计原理。在我们涉及 7 棵植物或少于该数目时尤为有效，超过这一数目，对于人眼来说，难以区分奇数和偶数。

3. 在完成了单株植物的组合后，紧接着考虑组和组或群与群之间的关系

（1）在这一阶段，单株植物的群体排列原则同样适用，各植物之间，应如同一组中各单体植物之间一样看待。

（2）各组植物之间所形成的空隙或“废空间”应给予彻底消除。因为这些空间既不悦目，又会造成杂乱无序的外观，且极易造成养护的困难。

（3）应加大植物的重叠和交接面，增加布局的整体性和内聚性。

（4）不能忽略树冠下面的空间，以免产生树冠下面的废空间，破坏设计的流动性和连贯性。

（5）在设计中植物的组合和排列除了与该布局中的其他植物相配合外，还应与其他因素和形式相配合。种植设计应该涉及地形、建筑、围墙以及各种铺装材料和草坪，如图 2-90 所示。

图 2-90

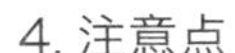

4. 注意点

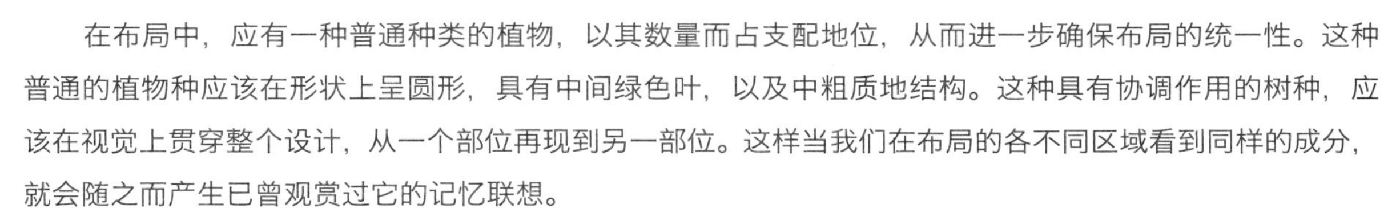

在布局中，应有一种普通种类的植物，以其数量而占支配地位，从而进一步确保布局的统一性。这种普通的植物种应该在形状上呈圆形，具有中间绿色叶，以及中粗质地结构。这种具有协调作用的树种，应该在视觉上贯穿整个设计，从一个部位再现到另一部位。这样当我们在布局的各不同区域看到同样的成分，就会随之而产生已曾观赏过它的记忆联想。

然后，在设计布局中加入不同的植物种类，以产生多样化的特性。但是在数量和组合形式上都不能超过原有的这种普通植物，否则将会使原有的统一性毁于一旦。

五、种植平面及有关说明

种植设计完成后就要着手准备绘制种植施工图和标注的说明。

种植平面是种植施工的依据，其中应包括植物的平面位置或范围、详尽的尺寸、植物的种类和数量、苗木的规格、详细的种植方法、种植坛或种植台的详图、管理和栽后保质期限等图纸与文字内容。

第三章　植物配置景观的生态学原理

学习目的与要求：

（1）了解植物的生态习性。

（2）了解环境与植物之间的相互影响。

本章重点和难点：

（1）理解植物的生态习性。

（2）了解掌握环境与植物之间的相互影响。

第一节　植物景观配置生态设计概论

1. 生态学概念

生态学是研究生物与环境之间关系的一门学科，在城市园林绿地系统中，园林植物既是园林构成的主体因素，同时又是为人所用的客体对象。因此，园林植物配置的生态观，不仅是指植物与植物、植物与环境（包括生物与非生物）的关系要协调稳定，更要协调植物与人的关系，使人在植物构成的空间中能够感受生态、享受生态并且理解和尊重生态。从 20 世纪六七十年代开始，经济的发展、社会的进步、城市环境问题的日趋恶化，逐渐打破了人们对工业时代的富足梦想，环境和能源危机逐渐浮出水面。风景园林设计专业对人与自然关系的关注，使人们开始转向从生态学领域探寻解决的办法，建立可持续发展的、人与自然和谐相处的城市生态园林建设，是对自然和文化内涵的一种全新解读，并已成为缓解城市环境压力的重要手段之一。

2. 植物配置景观生态设计的研究意义

当前园林设计的形式主要以植物生态学理论应用为指导，贯彻“ 以人为本，以生态效益为首”的理念，充分利用生态学原理来指导设计城市园林。1969 年麦克哈格《设计结合自然》的问世，将生态学思想运用到风景园林设计中，产生了“设计尊重自然”，把风景园林设计与生态学完美地融合的新型景观设计理念，开辟了生态化风景园林设计的科学时代，也产生了更为广泛意义上的生态设计。生态学思想的引入，使风景园林设计不再局限于花园式的小区域和小地块的设计，而引入了更为广泛的环境设计理念，展现了浓厚的生态理念，彻底改变了风景园林的形象定位，促进了风景园林设计的思想和方法的重大变革。植物造景设计作为风景园林设计中最核心价值的部分，直接影响了风景园林景观设计的优劣。因此，研究植物配置景观的生态学原理具有十分重要的研究意义。

在传统的植物造景中，大多依靠植物本身的形体、线条、色彩等自然美学特性，结合乔、灌、草以及藤本植物的多层复合结构的组合配置来营造景观，创造出供人们欣赏的优美的景观画面。随着景观生态园林学科研究的深入和发展，以及景观生态学和全球生态学等多学科理念的引入，植物景观的内涵也随着景观的概念的扩大而不断深化。生态园林的兴起，将园林从传统的游憩、观赏功能发展到维持城市生态平衡、保护生物多样性和再现自然的高层次阶段。生态园林是继承和发展传统园林的经验，遵循生态学的原理，建设多层次、多结构、多功能、科学的植物群落，建立人类、动物、植物相联系的新秩序，达到生态美、科学美、文化美和艺术美的共同显现。应用系统工程发展园林，使生态、社会和经济效益同步发展，实现良性循环，为人类创造清洁、优美、文明的生态环境。因此，深入掌握生态学和生态园林城市的内涵，正确定位城市园林绿化的生态效益， 这样才能使园林规划在符合美学性同时，又符合和谐性和科学性。

3. 植物配置景观生态设计的内涵

生态设计下的植物造景有三个方面的内涵：一是具有园林的观赏性，创造景观和美化环境；二是具有改善环境的生态效应性，通过植物的光合作用、蒸腾作用、吸收和吸附，调节小气候，吸收园林环境中的有害物质，衰减噪音，防风降尘，维护生态平衡；三是具有生态结构的合理性，应具有合理的时间结构、空间结构和营养结构，与周围环境和谐统一。因此，关于植物造景的生态设计可以简单地概括为是在改善城市生态环境，在创造融合自然的生态空间的基础上，运用生态学原理和技术，借鉴地带植物群落的种类组成、结构特点和演替规律，科学而艺术地进行植物配置的一种方法。

第二节　植物造景生态设计的基本原理

一、生态位原理

生态位是指一个物种在生态系统中的功能作用以及其在时间和空间中的地位，反映了物种与物种之间、物种与环境之间的关系。城市园林绿化植物的选配，实际上取决于生态位的配置，直接关系到园林绿地系统景观审美价值的高低和综合功能的发挥。在绿地建设中，应充分考虑物种的生态位特征，合理配置植物种类，避免种间直接竞争，形成结构合理、功能健全、种群稳定的复层群落结构，以利于种间互相补充，既充分利用环境资源，又能形成优美的景观。

在特定的城市生态环境条件下，根据不同地域环境的特点和人们的要求，配植不同的植物群落类型。如针对污染应选择抗性强，对污染物吸收强的植物种类；针对医疗、疗养应选择具有杀菌和保健功能的种类作为重点；针对道路绿化要选择易成活， 对水、土、肥的要求不高， 耐修剪、抗烟尘、树干挺直、枝叶茂密、生长迅速而健壮的树；山体绿化要选择耐旱树种， 并有利于山景的衬托；水边绿化要选择耐水湿的植物， 要与水景协调等。在上海地区的园林绿化植物中，槭树、马尾松等生长状况不良，不宜大面积种植；而水杉、池杉、落羽杉、女贞、广玉兰、棕榈等适应性好、

图 3-1　槭树、杜鹃的生态性配置

长势优良，可以作为绿化的主要种类。杭州植物园的槭树、杜鹃园就是这样配置的，如图 3-1 所示。槭树树干直立高大、根深叶茂，可吸收群落上层较强的直射光和较深层土壤中的矿质养分；杜鹃是林下灌木，只吸收林下较弱的散射光和较浅层土中的矿质养分，较好地利用槭树林下的荫生环境；两类植物在个体大小、根系深浅、养分需求和物候期方面有效差异较大，按空间、时间和营养生态位分异性进行配置，既可避免种间竞争，又可充分利用光和养分等环境资源，保证群落和景观的稳定性。春天杜鹃花争妍斗艳，夏天槭树与杜鹃乔灌错落有致、绿色浓郁，组成了一个清凉世界；秋天槭树叶片开始转红，在不同的季节里给人以美的享受。

二、互惠共生原理

互惠共生又称互利共生，是指两个物种长期共同生活在一起，彼此相互依赖、相互共存、双方获利。如牡丹和芍药种植在一起比分别单独种植生长状况要好，如图 3-2 所示。某些植物种类的分泌物对一些植物的生长发育是有利的，如黑接骨木对云杉根的分布有利，皂荚、白蜡与九里香等在一起生长时，互相都有显著的促进作用；但另外一些植物的分泌物则对其他植物的生长不利，如胡桃能分泌一种叫胡桃醒的物质，它能抑制其他植物的生长，因此在胡桃树下的土表层中一般没有其他植物，在园林中配植植物时胡桃与苹果、松树与云杉、白桦与松树等都不宜种在一起。又比如栎属、桉属、刺柏属、杉属、松属中的某些种类，它们叶子和根部都可以产生一种物质，这种物质之间可以相克，进而抑制周围其他植物的生长。像茄科、蔷薇科和十字花科的植物是不能共生的；洋槐的树皮、花和风信子分泌的挥发性物质也能抑制某些植物生长。森林群落林下蕨类植物狗嵴和里白则对大多数其他植物幼苗的生长发育不利，在生态园林建设过程中应用植物间的这种相互关系，能有效地促进群落的稳定。

图 3-2　牡丹、芍药的互惠共生

三、生物多样性原理

生物多样性是指一定范围内各种各样活的有机体有规律地结合以构成稳定的生态综合体，包括所有的植物、动物和微生物物种以及所有的生态系统和形成生态的过程。生物多样性理论不仅反映了群落或环境中物种的丰富度、均匀度等，也反映了群落的动态结构与稳定性，以及不同的环境条件与群落的相互关系。城市中的生境条件比较恶劣，环境资源比较匮乏，物种通过本身一系列的相应变化来增加自己的适合度，以充分利用有限的环境资源，从而保持系统的稳定。群落中物种多样性尤其是遗传多样性越高，物种对环境的适应能力就越强，群落抗干扰的能力和维系自身动态平衡的能力也就越强。景观生态学中强调景观的异质性可提高物种总体共存的潜在机会。形成多样性的物种种类和丰富多彩的群落景观，满足人们不同的审美要求，构建不同生态功能的植物群落，更好地发挥植物群落的景观效果和生态效果。因此，在现代风景园林的构建过程中以生物多样性原理为指导是其最基本的前提。

四、生态平衡原理

生态平衡是生态学的一个重要原则，其含意是指处于顶极稳定状态的生态系统，此时系统内部的结构与功能相互适应与协调，能量的输入和输出之间达到相对平衡，系统的整体效益最佳。在生态园林的建设中，强调绿地系统的结构和布局形式与自然地形地貌和河海湖泊水系的协调以及城市功能分区的关系，着眼于整个城市生态环境，合理布局，使城市绿地不仅围绕在城市四周，而且把自然引入城市之中，以维护城市的生态平衡。将体量、质地各异的植物种类按均衡的原则配植，景观就显得稳定、比较顺眼一点。如色彩过于浓重、体量太巨大、数量繁多、质地粗厚、枝叶茂盛的植物种类，会给人沉重的感觉；相反，色彩素淡、体量小巧、数量减少、质地细柔、枝叶疏朗的植物种类，则给人以轻盈的感觉；根据周围环境，在配植时有规则式均衡（对称式）和自然式均衡（不对称式）。规则式均衡常用于规则式建筑，如庄严的陵园或雄伟的皇家园林中，如图 3-3 所示。自然式均衡常用于花园、公园、植物园、风景区等较自然的环境中，如图 3-4 所示。

图 3-3 皇家园林的规则式均衡性布局图

图 3-4 私家园林的自然式均衡性布局

近年来，我国不少城市已开始了城郊结合、森林与园林结合、扩大城市绿地面积走生态园林建设的道路，如上海、北京、合肥、南京、深圳、厦门等。海南更是把许多现代种类繁多的各种花草树木都引进城市风景园区建设当中来，在植物配置上很讲究，如蜿蜒曲折的园路两旁，各种植一棵高大的雪松，则邻近的左侧植以数量较多、单株体量较小、成丛的花灌木，以求得均衡，如图 3-5 所示。

图 3-5 三亚生态园林建设

五、生态调控原理

生态调控是生态系统研究的一个重要理论，主要研究以人为中心的社会—经济—自然复合的城市人工生态系统。自然生态系统的中心事物是生物群体，它与外部环境的关系是消极地适应环境，并在一定程度上改造环境，因而自然生态系统的动态、演替，无论是生物种群的数量、密度的变化，还是生物对外部环境的相互作用、相互适应，均表现为“通过自然选择的负反馈进行自我调节”的特征。而在人工生态系统中，尤其是在城市生态系统中，是以人类为中心的，人类与外部环境的关系是积极地、主动地适应环境和改造环境，其系统行为很大程度上取决于人类所做出的决策，因而它的调控机制主要是人为的而不是负反馈的调节。生态园林是城市生态系统的一个子系统，要使其具有合理的结构、能最大限度地发挥其功能，系统本身可以自我调节，达到良性循环的生态系统，就需要以生态调控原理作为指导，使整个系统实现循环再生、协调共生、持续自生。在生态园林这一生态系统中，由于人的社会性与能动性，表明了它同自然生态系统间的重大区别，它可以通过人类进行有限度的协调，使系统的生态效益最高，使各组成成分之间相互协调，使系统更加适应外部环境，如图 3-6 所示。

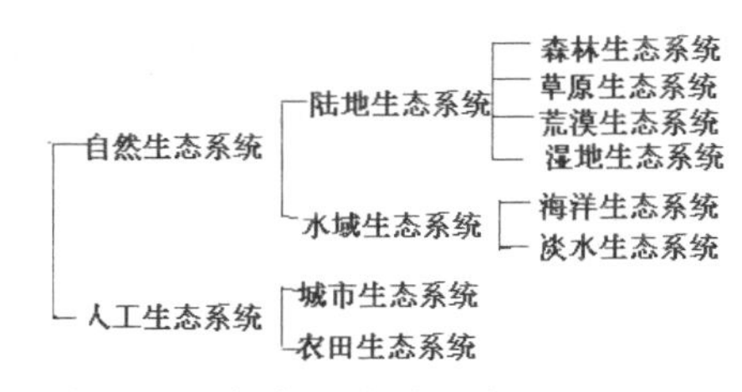

图 3-6　生态系统的构成环境

第三节　植物造景生态设计的原则

一、 生态复合型原则

随着公众生态意识的不断增强和技术手段的不断改进，对大自然的过度开发，人类赖以生存的自然环境面临着严峻的考验，生态学的理念不断渗透到人们的日常生活之中，遵循生态学原理，建设多层次、多结构、多功能的生物群落，在城市建立人与自然互相依存、共同发展的新秩序，才能使城市生态园林发挥它的生态与经济效益。生态型造景是按照生态园林中植物配置的原则，运用生态工程创造各种类型和结构，能够长期稳定共存的复层混交立体植物群落，恢复人与自然的和谐，充分发挥园林绿化的生态效益、景观效益、经济效益和社会效益，以维持各方面效益的均衡发展。因此，以改善人类生活环境为根本目的的生态园林将成为现代园林的发展方向。在国际上城市环境质量和生态园林建设已成为衡量现代化城市的标志之一。生态园林是城市及其郊区的区域范围的自然生态系统，应遵循生态学和景观生态学原理，以人为本，建设多层次、多结构、多功能的植物群落，修复生态系统，使其良性循环，保护生物多样性，谋求持续发展，以体现在功能、环境文化性、结构和布局、形式和内容的科学性。选配植物种类，避免种间竞争，避免种群不适应本地土壤、气候条件，借鉴本地自然环境条件下的种类组成和结构规律，把各种生态效益好的树种应用到园林建设当中去，构建多层复合型植物景观配置形式，具体体现为以下几种：

图 3-7　杭州花港观鱼季相景观

图 3-8　杭州花港观鱼季相景观

（1）观赏型人工植物群落

观赏型人工植物群落是生态园林中植物配置的重要类型，多选择观赏价值高、功能多的园林植物，运用风景美学原理，经科学设计、合理布局，构成一个自然美、艺术美、社会美的整体，体现多单元、多层次、多景观的生态型众多优秀园林植物在不同的环境中经过合理的配置呈现出迷人的景色。最突出的植物季相景观配置的例子之一是杭州花港观鱼，春夏秋冬四季景观变化鲜明，春有牡丹、樱花、桃、李；夏有荷花；秋有桂花、槭树；冬有蜡梅、雪松，让游人在一年四季中都能够享受四时之景，如图 3-7、图 3-8 所示。

（2）耐污型人工植物群落

以园林植物的抗污染特性为主要评价指标，结合植物的光合作用、蒸腾作用、吸收污染物特性等测定指标进行分析，选择出适于污染区绿地的园林植物。以通风较好的复层结构为主，组成抗性较强的植物群落，有效地改善严重污染环境局部区域内的生态环境，提高生态效益，对人们健康有利，如图 3-9 所示。

（3）知识型人工植物群落

在公园、植物园、动物园、风景名胜区，收集多种植物群落，按分类系统或种群生态系统排列种植，建立科普性的人工群落。筛选的植物物种，不仅着眼于色彩丰富的栽培品种，还应将濒危和稀有的野生植物引入园中，既可丰富景观，又保存和利用了种质资源，激发人们热爱自然、探索自然奥秘的兴趣和爱护环境、保护环境的自觉性。如杭州植物园的分区规划种植，不但具有科普教育意义，还具有休闲娱乐的功能。还有澳洲堪培拉国家植物园，以环境可持续发展和低能耗建筑为战略背景，运用枝叶和周边的风景营造花园式的家的感觉，引导游客们从中体验到植物园中澳大利亚和世界各地令人难以置信的珍稀濒危的象征性的植物，引导人们提高保护濒危动植物的意识，如图 3-10、图 3-11 所示。

图 3-9　耐污性植物运用（利用植物根系吸附、吸收富集水中的污染物，定期收割转移污染物）

图 3-10　澳大利亚堪培拉：珍稀濒危物种植物园

图 3-11　澳大利亚堪培拉：珍稀濒危物种植物园

（4）文化型人工植物群落

特定的文化环境要求通过各种植物的配置使其具有相应的文化环境氛围，形成不同种类的文化环境型人工植物群落，从而使人们产生各种主观感情与宏观环境之间的景观意识，引起共鸣和联想。不同植物材料的观赏特性会产生不同的景观效果和环境气氛。各种植物不同的配置组合，能形成千变万化的景境，给人以丰富多彩的艺术感受，如图 3-12 所示。

图 3-12　文化型植物运用（岁寒三友——松竹梅）

（5）生产型人工植物群落

在不同的立地条件下，建设生产型人工植物群落，发展具有经济价值的乔灌、花、果、草、药和苗圃基地，并与环境相协调，可满足市场的需要，并且在产生经济效益的同时，亦可创造一定的社会效益，为就近及远道市民提供游憩、观景的场所。

二、因地制宜的地带性原则

（1）尊重植物自身的生态习性

图 3-13　垂柳的生态习性及种植环境

自然界中的植物不仅有乔木、灌木、草本、藤本等形态特征之分，更有喜阴喜阳、耐水湿和耐干旱、喜酸喜碱以及其他抗性等生理、生态特性的差异。园林植物配置如果不尊重植物的这些生态特性和生长规律，就生长不好甚至不能生长。如垂柳好水湿，有下垂的枝条、嫩绿的叶色、修长的叶形，适宜栽植在水边；红枫弱阳性、耐半阴，枝条婆娑，阳光下红叶似火，但是夏季孤植于阳光直射处易遭日灼之害，故易植于高大乔木的林缘区域；桃叶珊瑚的耐阴性较强，喜温暖湿润气候和肥沃湿润土壤，与香樟的生长环境条件相一致，是香樟树下配置的良好绿化树种，如果配置在郁闭度较低的棕榈林下就生长不良，如图 3-13 所示。

（2）符合当地自然环境条件特征

植物除了有其固有的生态习性，还有其明显的自然地理条件特征。园林植物的生存环境中包含着各种生物与非生物因子，它们错综复杂地交织在一起，直接或间接地影响着植物的生存。每个区域的地带性植物都有各自的生长气候、地理条件背景和其独特的植物群落类型。经过长期生长与周围的生态系统也达成了良好的互利互补的互生关系。比如我国亚热带常绿阔叶林中，群落乔木层的优势种是壳斗科、樟树科和山茶科植物，下层是杜鹃花科、山茶科和冬青科植物。改变植物的生长环境必然要付出沉重的代价，如图 3-14 所示。“大树进城”曾成为一股潮流，虽然其初衷是好的，在短期内可以改善城市的绿化面貌，但事实上，很多“大树”是从乡村周围的山上挖来的野生大树和古树名木，这种移植成本太高，恢复生长慢，成活率低，反而欲速则不达，不可避免地会引发原生地生态环境恶化的危机。其实真正的大树概念应该是苗圃里培育的，经过移植，根系发育良好的胸径为 8 ～ 15 厘米大规格苗木，或者是在特殊情况下，如道路改、扩建，单位绿地调整，或过密植物群落中抽走多余植物使其生长空间更大的做法所产生的移植树木，这些树木经过移植确实可以在短期内适应环境条件，用在园林绿地中，与其他植物相得益彰地配置可以达到一定的景观效果和生态效益。因此在植物配置中，要尊重植物的生态习性，对各种环境因子进行分析，以植被地理分布规律为理论依据，根据城市所处的气候带选择主要群落类型，以乡土植物为主体，突出地方特色，再选择合适的种类，使每种植物都有理想的生存环境，或者将环境因子对植物的不利影响降到最小。

图 3-14　加拿利海枣的盲目引种加重后期养护成本

（3）强调地域性与继承性

生态园林在强调生态效益的同时，还需要体现地域特色和把握历史文脉，这样才具有经久不衰的魅力，如图3-15所示。因此必须大力推进生态文化建设，坚持以美学思想为指导，将自然景观、民俗风情、传统文化、地方文化和历史文物等融合在园林中，使园林具有地域性和文化性，丰富和提升生态园林的文化内涵和功能，创造有地方特色和风格的园林景观，避免千篇一律。同时可保护文化多样性和景观多样性，适应人们对景观异质性的要求。

图3-15　具有北方地域特色的白桦林景观

三、景观植物配置形式的多样性原则

（1）挖掘植物特色，丰富植物种类

城市具有人口密度高，自然地貌单一，立地条件较差的特点，而城市中的植物配置由于地理条件因素的制约，物种种类较少，植物群落结构单调，缺少自然地带性植被特色。单一结构的植物群落，由于植物种类较少，形成的生态群落结构很脆弱，极容易向逆行方向演替，其结果是草坪退化，树木病虫害增加。人们为了维持这种简单的植物生态结构，必然强化肥水管理、病虫害防治、整形修剪等工作，导致成本加大。

物种多样性是生物多样性的基础。植物配置为了追求立竿见影的效果，轻易放弃了许多优良的物种，否定某些不能达到设计效果的植物，否定慢生树种，抛弃小规格苗木都是不尽合理的配置方法。其实，每种植物都有各自的优缺点，植物本身无所谓低劣好坏，关键在于如何运用这些植物，将植物运用在哪个地方以及后期的养护管理技术水平。植物配置应向生态化、乡土化、景观化、功能化方向发展。植物材料既是生态造景的素材，也是观赏的要素；应正确选择树种，科学地配植各种植物，构成生态美景。理想的植物配置应该是乔灌花草合理结合，将植物配置成高、中、低各层次，既丰富植物品种，又能使三维绿量达到最大化，使放出的氧气和制造的有机物更多，有益于人类的健康；总体上体现植物配置的层次性、多样性、小区植物配植功能性。配植大乔木时，选择树种要有乡土性、针对性，种植树种应考虑植物生态群落景观的稳定性、长远性、美观性，树种选择在生态原则的基础上，力求变化，创造优美的林冠线和林缘线；要有足够的株行距，　为求得相对稳定的植物生态群落结构打下基础，也是可持续发展的需要。植物配植应体现四季有景、三季有花，充分运用形态树种、观花树种、季相色彩植物、芳香植物、观果植物及管理粗放、观赏期长的宿根地被花卉。因此，在植物配置中，设计师应该尽量多挖掘植物的各种特点，考虑如何与其他植物搭配。如某些适应性较强的落叶乔木有着丰富的色彩、较快的生长速度，就可与常绿树种以一定的比例搭配，一起构成复层群落的上木部分。落叶树可以打破常绿树一统天下（四季常绿、三季有花）的局面，为秋天增添丰富的色相，为冬天增添阳光，为春天增添嫩绿的新叶，为夏天增添阴凉。还有就是要提倡大力开发运用乡土树种，乡土树种适应能力强，不仅可以起到丰富植物多样性的作用，而且还可以使植物配置更具地方特色。

（2）构建丰富的复层植物群落结构

构建丰富的复层植物群落结构有助于生物多样性的实现。单一的草坪与乔木、灌木、复层群落结构不仅植物种类有差异，而且在生态效益上也有着显著的差异。草坪在涵养水源、净化空气、保持水土、消噪吸尘等方面远不及乔、灌、草组成的植物群落，并且大量消耗城市水资源，养护管理费用很大。良好的复层结构植物群落将能最大限度地利用土地及空间，使植物能充分利用光照、热量、水势、土肥等自然资源，产出比草坪高数倍乃至数十倍的生态经济效益。乔木能改善群落内部环境，为中、下层植物的生长创造较好的小生境条件；小乔木或者大灌木等中层树种可以充当低层屏障，既可挡风，又能增添视觉景观；下层灌木或地被可以丰富树冠下沿景致，保持水土，弥补地形不足。同时复层结构群落能形成多样的小生境，为动物、微生物提供良好的栖息和繁衍场所，配置的群落应该招引各种昆虫、鸟类和小兽类，形成完善的食物链，以保障生态系统中能量转换和物质循环的持续稳定发展。

四、植物群落的生态保健型原则

（1）生态保健型植物群落的功能

园林绿地的各种效益都是服务于人，园林植物也不例外。绿色植物不仅可以缓解人们心理和生理上的压力，而且植物释放的负离子及抗生素，还能提高对疾病的免疫力。据测试，在绿色植物环境中，人的皮肤温度可降低 1℃～ 2℃，脉搏每分钟可减少 4 ～ 8 次，呼吸慢而均匀，心脏负担减轻，另外森林中每立方米空气中细菌的含量也远远低于市区街道和超市、百货公司。因此，植物配置中的生态观还应落实到人，为人类创造一个健康、清新的保健型生态绿色空间。

（2）生态保健型植物群落的类型

营造生态保健型植物群落有许多类型，如体疗型植物群落、芳香型植物群落、触摸型植物群落、听觉型植物群落等。设计师应在了解植物生理、生态习性的基础上，熟悉各种植物的保健功效，将乔木、灌木、草本、藤本等植物科学搭配，构建一个和谐、有序、稳定的立体植物群落。

图 3-16　银杏林生态保健性的运用

松柏型体疗群落或银杏丛林体疗群落属于体疗型植物群落。在公园和开放绿地中，中老年人在进行体育锻炼时可以选择到这些群落中去。银杏的果、叶都有良好的药用价值和挥发油成分，在银杏树林中，会感到阵阵清香，有益心敛肺、化湿止泻的作用，长期在银杏林中锻炼，对缓解胸闷心痛、心悸怔忡、痰喘咳嗽均有益处。面对松树类呼吸锻炼，会有祛风燥湿、舒筋通络的作用，对于关节痛、转筋痉挛、脚气等病有一定助益，而柏树科及罗汉松科植物也有一定的养生保健作用，如图 3-16 所示。

构建芳香型生态群落（以上海为例），香樟、广玉兰、白玉兰、桂花、蜡梅、丁香、含笑、栀子、紫藤、木香等都可以作为嗅觉类芳香保健群落的可选树种。在居住区的小型活动场所周围最适宜设置芳香类植物群落，为居民提供一个健康而又美观的自然环境。形式上可采用单一品种成片栽植或几种植物成丛种植，丛植上层可选香樟、白玉兰、广玉兰、天竺桂等高大健壮的植物，也是丛植的主景树；中木可选桂花、柑橘、蜡梅、丁香、月桂等，也可以作为上层植物；下面配置小型灌木如含笑、栀子、月季、山茶等；酢浆草、薄荷、迷迭香、月见草、香叶天竺、活血丹等，可以配在最下层或林缘，同时地被开花植物也是公园绿地和居住区花坛、花境的良好配置材料。其他如视觉型、触摸型生态群落，也是园林各种绿地植物配置的模式。

五、以植物造景为主的人性化原则

生态园林是以人、社会与自然的和谐为核心，以植物为主体内容的实体环境空间，而人又是园林设计的主体服务对象，规划的不仅是场所、空间，还有人们在园林中所想得到的体验。城市中空间、环境的塑造着重于人的尺度与感受，其最终目的在于反映、包容、支持人的活动。而植物在园林设计中，既能维持碳氧平衡，调节温度与湿度，缓解“热岛效应”，净化空气、水体和土壤，又能消噪除尘、杀菌保健、防风固沙、涵养水源、保持水土、防震避灾。尤其是高大乔木，其生态功能更强，且适合鸟类栖息，有利于生物链形成和生态系统的平衡，还有栽植经济、养护管理简易、寿命长等特点。

目前兴建大面积的草坪或铺装场地，空间尺度宏大壮观，但无遮阴效果，使用者寥寥无几，应减少冷漠而空旷的大尺度空间的设计，提高绿地的利用率。有些园林建筑体量庞大，功能性很小，要知道它不仅是供人观赏的，必须与人们的休闲活动相匹配。

所以，生态园林是以植物造景为主，以乔木为骨干，充分发挥植物的生态功能，改善城市环境和维持生态平衡。同时植物配置要体现科学性，以生态学原理为指导，构建稳定的复层群落结构，增强群落对外界干扰的抵抗力，以利于保持生态平衡，使植物在生态园林中发挥更大的作用。还应强调人性化意识，要充分考虑人们的心理需求，做到景为人用。

六、以节能环保为前提的生态平衡性原则

生态园林同时是一种节约型园林，设计的目的实际上就是合理有效地利用资源的问题。2006 年建设部组织召开的“全国节约型园林绿化现场会”指出：节约型城市园林绿化就是以最少的用地、最少的用水、最少的财政拨款，选择对周围生态环境最少干扰的绿化模式。节约型园林的建设理论与思路在节约、可持续、自我维持、循环再利用、高效率、低成本等方面体现了生态园林的实质与内涵。

从生态学角度看，食物链结构越复杂，生态系统越稳定。从人类对园林的需求来看，人们也不满足于只有植物的园林，“鸟语花香”才是人们追求的理想境界。人类与动物的接近程度将成为衡量绿地标准的重要尺度。生态园林建设在可持续发展的目标指导下，招引各种鸟类、昆虫，增加生物群落的可观赏性和生态系统的稳定性，寻求人与植物、动物及其他生物的相对平衡与稳定，以达到发展生态园林的目的。在园林中设置招竿、育雏箱、投放食饵，有利于引入鱼类、两栖类、鸟类和小型哺乳动物。还可种植一些核果、浆果类植物，采用自然式驳岸，为鸟类提供食物和饮水点。因人工草坪少产草籽，可提供的食源有限，同时人工草坪被一遍遍修剪，各种昆虫无藏身之处，所以在管理粗放的草坪中，可保留天然野草，修剪间隔适当延长，给昆虫及小动物们留下生存的空间，如图 3-17 所示。

图 3-17　生态湿地对生物链的均衡性作用

七、以艺术性为前提的景观性原则

景观生态设计是指运用生态学原理对某一尺度的景观进行规划和设计，是把景观作为一个生命系统来

考虑的。景观是一片土地和土地上的空间和物体的综合体，应该表现出植物群落的美感，体现出科学性与艺术性的和谐。生态园林不是绿色植物的堆积，而是各生态群落在审美基础上的艺术配置，是园林艺术的进一步的发展和提高，必须具备科学性与艺术性两方面的高度统一。植物景观配置，应遵循统一、调和、均衡、韵律四大基本原则，其原则指明了植物配置的艺术要领。植物景观设计中，熟练掌握各种植物材料的观赏特性和造景功能，并对整个群落的植物配置效果整体把握，同时根据美学原理和人们对群落的观赏要求对植物的树形、色彩、线条、质地及比例进行合理配置。但又要使它们之间保持一定相似性，引起统一感，同时注意植物间的相互联系与配合，体现调和的原则以及形式美和使用美的结合布置，使人具有柔和、平静、舒适和愉悦的美感。还要对所营造的植物群落的动态变化和季相景观有较强的预见性，使植物在生长周期中，“收四时之烂漫”，达到“体现无穷之态，招摇不尽之春”的效果，丰富群落美感，提高观赏价值。对体量、质地各异的植物进行配置时，遵循均衡的原则，使景观稳定、和谐，如一条蜿蜒曲折的园路两旁，路的右侧若种植一棵高大的雪松，则邻近的左侧须植以数量较多、单株体量较小、成丛的花灌木，以求均衡。配置中有规律的变化会产生韵律感，如杭州白堤上桃树和柳树的间隔配置，游人沿堤游赏时不会感到单调，而有韵律感的变化。尊重传统文化和当地风俗，吸取当地人的经验，如图 3-18 所示。景观设计应根植于所在的地方。由于当地人依赖于其生活环境获得日常生活的物质资料和精神寄托，他们关于环境的认识和理解是场所经验的有机衍生和积淀，所以设计应考虑当地人和其文化传统给予的启示。

图 3-18　杭州白堤上桃树和柳树的间隔配置

第四节　植物造景生态设计的配置方式及应用

一、乡土资源的利用与更新

乡土植物是指经过长期的自然选择及物种演替后，对某一特定地区有高度生态适应性的自然植物区系成分的总称。它们是最能适应当地大气候生态环境的植物群体。除此之外，使用乡土物种的管理和维护成本最少，能促使场地环境自生更新、自我养护。还因为物种的消失已成为当代最主要的环境问题。所以保护和利用地带性物种也是时代对风景园林设计师的伦理要求。保护人文古迹及老园林设计，主要是人工景观，在环境资源拼块和残存拼块的基础上引进新的拼块，长时间高强度的人为干扰，使残存景观逐渐消亡，进而形成以引进拼块为特色的人为干扰景观。这种景观的持久性和稳定性弱，它们的存在源于人类的大量引进拼块和努力维护，依赖于持续而有目的的经营管理，而老的自然景观尽管粗糙不堪却历经多少年月，有着自己的自然群落，更可以自我修复和自我生长，这种古代的园林景观应该保留，也必须保留，要遵循“互惠共生”原理，协调好植物之间的关系。

（1）尊重场所自然演进过程

现代人的需要可能与历史上该场所中的人的需要不尽相同。因此，为场所而设计常常不会模仿和拘泥于传统的形式。但是从生态学理论来看，新的设计形式仍然应该用场所的自然过程为参考前提，依据场所中的阳光、地形、水、风、土壤、植被及能量等。设计的过程就是将这些带有场所特征的自然因素结合在设计之中，从而维护场所的健康。风景园林设计者应尽量保留原场所的自然特征，如泉水、溪流、造型树、已有地被、名树、古木、水、地形等，这是对自然的内在价值的认识和尊重，这样既能在一定程度上降低投资成本，又能避免为了过分追求形式的美感，对原有的生态系统造成无法弥补的破坏。

（2）基于生态调控原理，利用并再生场地现有的材料和资源

生态调控原理中的循环再生，倡导能源与物质的循环利用贯穿于现代风景园林设计的始终。生态的风景园林设计要尽可能保留场地的原有植被，使用再生原料制成的材料，这是小绿地建设中常常忽略的一个问题。保留原有植物，并非不加选择地将所有原有植物加以保留，而是要依据植物的生长状况、景观效果加以评价，当留则留。通常在城市中，经历了若干年的开发经营，几乎很难有原生的植物尤其是群落保留下来，比较常见的是次生群落及人工植被，由于这些植物与环境长期共存，已建立相对稳定的关系，故而一般情况下应尽可能保留。尽可能将场地上的材料和资源循环使用，最大限度地发挥材料的潜力，最大限度地减少对新材料的需求，减少对生产材料所需的能源的索取。

二、土壤的设计

在风景园林设计中，植物是必不可少的要素，因而在设计中选择适合植物生长的土壤就显得很重要。主要考虑土壤的肥力和保水性。分析植物的生态学习性，选择适宜植物生长的土质。特别是在风景园林的生态恢复设计模式中，土壤因子很重要，一般都需要对当地的土壤情况进行分析测试，选择相应的对策。常规做法是将不适合或者污染的土壤换走，或在上面直接覆盖好土以利于植被生长，或对已经受到污染的土壤进行全面的技术处理。采用生物疗法，处理污染土壤，增加土壤的腐殖质，增加微生物的活动，种植能吸收有毒物质的植被，使土壤情况逐步改善。如在美国西雅图油库公园，旧炼油厂的土壤毒性很高，以至于几乎不适宜作为任何用途。设计师哈格没有采用简单且常用的用无毒土壤置换有毒土壤的方法，而是利用细菌来净化土壤表面现存的烃类物质，这样既改良了土壤，又减少了投资，如图 3-19 所示。

图 3-19　美国西雅图油库公园

三、植物配置设计

（1）植物种类的选择

植物具有生命，不同的园林植物具有不同的生态和形态特征。根据生态位理论，在进行植物配置时，要因地制宜，因时制宜，使植物正常生长，充分发挥其观赏特性。充分考虑不同植物和物种的生态位特征和各自优势，根据实际情况的不同，合理选择配置植物种类，最大限度地满足植物生长所需要的生态条件，避免各个物种对空间和营养的争夺，种间互相补充，既充分利用环境资源、生长良好，形成结构合理、功能健全、种群稳定的复层群落结构，又能形成具有良好视觉效果的园林景观。

首先，要根据当地的气候环境条件配置树种，特别是在经济和技术条件比较薄弱的地区，尤其重要。以地处亚热带地区为例，最新推荐使用的优良落叶树种，乔木类有无患子、栾树等，耐寒常绿树种乔木类

有山杜英等。

其次，要根据当地的土壤环境条件配置树种，例如，杜鹃、茶花、红花檵木等喜酸性土树种，适于 pH 值 5.5 至 6.5 含铁铝成分较多的土质。而黄杨、棕榈、桃叶珊瑚、夹竹桃、枸杞等喜碱性土树种，适于 pH 值 7.5 至 8.5 且含钙质较多的土质，如表 3-1 所示。

表 3-1 部分花卉最适宜的土壤酸碱度（pH 值）

名称	pH 值	名称	pH 值	名称	pH 值
水仙花	6.5~7.5	美人蕉	6.0~7.0	天门冬	7.0~7.5
仙客来	5.5~6.5	山茶	4.5~6.0	彩叶草	4.5~5.5
瓜叶菊	6.5~7.5	杜鹃	4.5~6.0	月季	6.9~7.2
金盏菊	6.5~7.5	迎春	7.3~8.0	白兰花	6.9~7.2
金鱼草	6.0~7.0	五针松	5.5~6.5	兰科植物	8.0~8.5
天竺葵	6.0~7.5	贴梗海棠	6.9~7.2	菊花	6.0~7.0
仙人掌	7.5~8.0	郁金香	7.0~7.5	夹竹桃	7.0~7.5
四季报春	6.5~7.0	凤仙花	5.5~6.0	榆叶梅	7.3~8.0
朱顶红	6.0~7.0	茉莉	6.0~6.5	百合	7.3~8.0
蒲包花	6.0~6.5	向日葵	5.0~6.0	黄杨	7.3~8.0

第三，要根据树种对太阳的需求强度，合理安排配植的用地及绿化使用场地。

第四，要根据环保的要求进行配植的树种。在众多的树木之中，有许多不仅仅只具有一般绿化、美化环境的作用，而且还具有防风、固沙、防火、杀菌、隔音、吸滞粉尘、阻截有害气体和抗污染等保护和改善环境的作用。因此，在城市园林、绿地、工矿区、居民区配置树木时，应根据各个地区环境保护的实际需要，配置适宜的树木。例如，在株洲市工业污染比较大的城市中，在粉尘较多的工厂附近、道路两旁和人口稠密的居民区，应该多配置一些侧柏、桧柏、龙柏、悬铃木等易于吸滞粉尘的树木；在排放有害气体的工业区特别是化工区，应该尽量多栽植一些能够吸收、或抵抗有害气体能力较强的树木，如广玉兰、海桐、棕榈等树木，如图 3-20 所示。

图 3-20 化工区生态植物的配置

第五，要根据绿地性质进行配置。各街道绿地、庭园绿化中，根据绿地性质，规划设计时选择适当树种。如设计烈士陵园绿化时，树木宜选择常绿树和柏树，以表现烈士英雄“坚强不屈”的高尚品德；在幼儿园绿化设计，选择低矮和色彩丰富的树木，如红花檵木、金叶女贞，由红、黄、绿三色组成，带来活泼气氛，还要考虑不能选择有刺、有毒的树木如夹竹桃、构骨等树木。根据各种植地不同的实际情况（如干旱、贫瘠、土壤密实、污染严重、病虫害严重等），有针对性、有侧重点地选择植物种类，尤其是高大乔木优势种的选配，直接决定了园林生态效益的发挥程度。园林生态设计中要求利用不同物种在空间和营养生态位上的分异手法来配置植物，充分利用空间、营养，各个物种才能协调共生。

（2）运用具有生态效益的植物

植物群落周边环境的变化会直接或间接地影响到植物群落，不同的树种其生态作用和效益也不相同，有的相差很大。它们之间的关系密切。植物群落中的各种植物对大气污染的反应程度不同，人们可以据此来了解空气的污染程度，如表 3-2 所示。因此，为了提高植物造景的生态效益就必须选择那些与各种污染气体相对应的抗性树种和生态效益较高的树种。例如，随着经济的高速发展和工业化进程的加快，对石油、天然气等高能源的需求不断增加，SO_2、Hf 和 Cl_2 等已经成为大气的主要污染源。不同园林植物对 SO_2 的吸收、净化能力的大小与其形态、叶量、叶面积、气孔开度等有密切关系，即使生物量相同吸收硫的量也不同。张德强等挑选 32 种园林绿化植物来研究对空气中 SO_2 的去除能力，结果发现菩提榕、仪花、小叶榕和铁冬青不但具有很强的抗性，吸收去除能力也很高。还可以利用唐菖蒲对氟化物的敏感性来监测大气的氟污染。人们对植物生态功能的逐步认识的提高，在利用植物地上部分来改善环境的同时，也在研究利用植物根系富集污染土壤中的重金属元素，从而达到修复土壤的作用，为人们的生产活动提供良好的生态环境发挥作用。

表 3-2　利用植物对氟化物进行监测

污染物质	植物名称
SO_2	紫花苜蓿、向日葵，胡萝卜、莴苣、南瓜、芝麻、蓼、土荆芥、艾、紫苏、灰菜、落叶松、雪松、美洲五针松、马尾松、枫杨、加拿大白杨、杜仲、檫树
Hf	唐菖蒲、郁金香、萱草、美洲五针松、欧洲赤松、雪松、蓝叶云杉、樱桃、葡萄、黄杉、落叶松、杏、李、金荞麦、玉簪
Cl_2、HCl	萝卜、复叶槭、落叶松、油松、桃、荞麦
NO_2	悬铃木、向日葵、番茄、秋海棠、烟草
O_3	烟草、矮牵牛、马唐、雀麦、花生、马铃薯、燕麦、洋葱、萝卜、女贞、银槭、梓树、皂荚、丁香、葡萄、木笔、牡丹
PAN	繁缕、早熟禾、矮牵牛
H_g	女贞、柳树

（3）遵从生物多样性原理，模拟自然群落的植物配置

物种多样性主要反映了群落和环境中物种的丰富度、均匀度、群落的动态与稳定性和不同的自然环境条件与群落的相互关系。生态学家认为，群落结构愈复杂，系统也就愈稳定。因此，风景园林设计过程中，设计多个物种组成的植物群落，比单物种中群落更能有效利用资源，具有更大稳定性，即保持各物种多样性如动植物种资源多样性、各种文化特质多样性等，具有重要深远的生态环境意义。

在城市建设的日益加快下，城市中的生物资源不断锐减，给生物多样性构成极大的威胁，也严重影响到城市生态系统的稳定性。故此，在建设园林时，一定要坚持生物多样性的原则，在有限的环境资源下，尽可能确保生态系统的稳定性。植物造景是应用乔木、灌木、藤本及草本植物为题材来创作景观的，就必须从自然植物群落及其表现的形象中汲取创作源泉。植物造景中植物群落的种植设计，必须遵循自然植物群落的发展规律，如果所选择的植物种类不能与种植地点的环境和生态相适应，就不能存活或生长不良，也就不能达到造景的要求；如果所设计的栽培植物群落不符合自然植物群落的发展规律，也就难以成长发育达到预期的艺术效果。因此，要实现生态系统平衡的园林绿化设计，就应多造针阔混交林，避免营造纯林。

绿化中可选择优良乡土树种作为骨干树种，积极引入易于栽培的新品种，驯化观赏价值较高的野生物种，以丰富园林植物品种，如图 3-21 所示。

四、水环境设计

在风景园林设计中从生态因素方面对水的处理一般集中在水质的清洁、地表水循环、雨水收集、人工湿地系统处理污水、水的动态流动以及水资源的节约利用等方面。在风景园林设计中充分利用湿地中大型植物及其基质的自然净化能力净化污水，并在此过程中促进大型动植物生长，增加绿化面积和野生动物栖息地，有利于良性生态环境的建设，如图 3-22、图 23 所示。

图 3-21　针叶混交林的配置

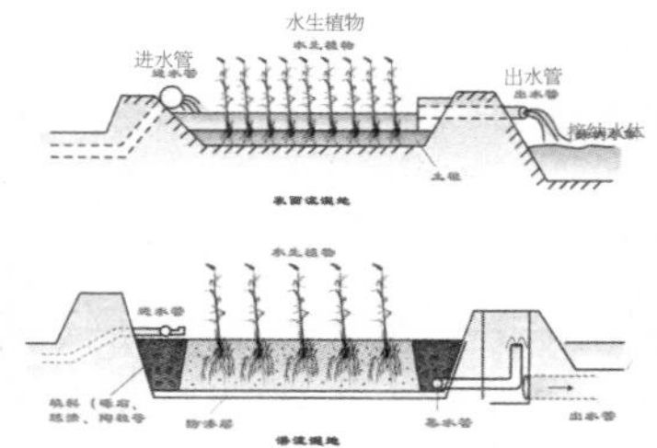

图 3-22　人工生态系统

图 3-23　大连人工湿地污水净化处理技术

五、协调种内与种间关系

（1）密度效应

种群分布的类型有三种，随机型分布、均匀型分布和集群型分布。随机型分布中每一个种在种群中各个点上出现的机会是相等的，并且某一个体的存在不会影响其他个体的分布；均匀型分布中个体间保持一定的均匀间距；集群型分布是指种群个体成群、成簇、成块、斑点状密集分布，但各种群大多呈随机分布。在水平结构分析时，可以利用植物的平面布置方式进行研究，并绘制配置示意图，说明不同植物水平分化成了各个小群落，成镶嵌状，利用景观生态学原理中的斑块和基底原理可以对其进行更深入的研究。园林植物种群是园林中同种植物的个体集合，也是园林种植设计的基本内容。园林中多数植物种群往往有许多个体共同存在，如各种树丛、树林、花坛、花境、草坪和水生花卉等。在特定的园林空间里，植物种群同样呈现 3 种特定的个体分布形式，也就是种植设计的基本形式，即规则式、自然式和混合式。植物种群除了集群生长的特征外，更主要的是个体之间的密度效应，当种群的个体数目增加时，就必定出现邻接个体之间的相互影响，出现种内竞争。在植物配置时，高密度种植植物，种群会出现“自疏现象”，就会影响到植株的生长发育速度，植株的死亡率升高，或出现病虫害。

（2）他感作用

植物的他感作用是指一种植物通过向体外分泌代谢过程中的化学物质，对其他植物产生直接或间接的影响。在自然界中，植物一般均以群落的形式存在，从植物他感作用的角度来看其种间结合的关系是形成群落的原因之一。经科学家研究鉴定，香桃木属、桉属和臭椿属的叶均有分泌物，对亚麻属的生长具有明显的抑制作用；松树与云杉、栎树、白桦，胡桃与苹果，垂柳与桦，栎树与榆树，丁香与铃兰都不宜种在一起；黑核桃树、稠李、刺槐树冠周围分泌物质抑制其他植物生长；另外茄科、十字花科、蔷薇科的许多植物都具有生化相克的现象。他感作用影响群落种类的组成、发展和演化，有些植物种在一起存在明显的抑制现象，因此应避免混交；合理选择植物种类，从而构建结构合理、功能稳定的复合植物群落。

六、构建植物群落原则

自然界中的植物总是成群生长，具有一定的种类组成和种间比例，一定的结构和外貌，遵循一定的规律而集合成群落。在园林设计中要以群落为单位，营造结构合理、功能健全、种群稳定的复层群落结构群落不是简单的乔、灌、草的组合，应结合生态学原理建立适合城市生态系统的人工植物群落。

（1）群落的季相变化

群落外貌常常随时间的推移而发生周期性的变化，这是群落结构的另一重要特征。随着气候季节性交替，群落呈现不同的外貌，这就是季相。生态园林的景观性需要景观的动态性来体现。在植物配置时要顾及四季景色，使园林植物在每个季节都有代表性的特色景观。不能一味强调园林植物的生态效益和避免冬季萧条的景象，过多应用常绿树种。落叶乔木更能体现季相变化，展现色彩美、形态美；同时有利于冬季采光；而且科学家发现，落叶树能够吸收更多的 CO_2。所以在植物配置时，常绿树与落叶树的比例应该适当，合理搭配。

（2）群落的垂直结构

植物的层次结构，直接影响生态功能的发挥。立体的生态效益是最佳的，而且混合复层种植形式多样化，形成变化多端的林冠线和林缘线，使景观更加丰富。所以在植物配置时，应采取乔木、灌木、草本、地被、藤本相结合的形式，而且必须以乔木为主的方式。如果以立体形式进行种植，就必须注意乔木不宜过大、过密，要为下层木留出一定的生长空间和阳光、雨水。

所以，掌握自然植物群落的形成、发育、种类、结构、层次和外貌等是搞好植物造景的基础。完美的植物景观，必须具备科学性与艺术性两方面的高度统一，既满足植物与环境在生态适应上的统一，又要通过艺术构图原理体现出植物个体及群体的形式美，以及人们在欣赏时所产生的意境美。植物造景不仅要满足景观效果的需要，更要在改善城市生态环境的前提下，科学而艺术地进行植物配置，创造出融合自然的生态气息。生态设计是创造空间稳定的植物景观最关键的途径，即通过对影响园林植物造景的各种生态因子的限定因素的综合分析，建立一种布局合理的植物配置模式，最大限度地发挥其各种功能作用。总之，生态园林是日后园林的发展方向已达成普遍共识，目前理论研究也较多，但仍缺乏具体的标准，如何具体实践仍需不断探索，最大限度地发挥园林绿地的生态效益与环境效益。

（3） 观花和观叶植物相结合

观赏花木中有一类叶色漂亮、多变的植物如叶色紫红的红叶李、红枫，秋季变红叶的槭树类，变黄叶的银杏等均很漂亮，和观花植物组合可延长观赏期，同时这些观叶树也可作为主景放在显要位置上。常绿树种也有不同程度的观赏效果，如淡绿色的柳树、草坪，浅绿色的梧桐，深绿色的香樟，暗绿色的油松、云杉等，选择色度对比大的种类进行搭配效果更好。

（4） 注意层次

分层配置、色彩搭配是拼花艺术的重要方式。不同的叶色、花色，不同高度的植物搭配，使色彩和层次更加丰富。如 1m 高的黄杨球、3m 高的红叶李、5m 高的桧柏和 10m 高的枫树进行配置，由低到高，四层排列，构成绿、红、黄等多层树种，不同花期的种类分层配置，可使观赏期延长，如图 3-24、图 3-25 所示。

图 3-24　植物多层配置景观

图 3-25　植物多层配置景观

（5） 配置植物要有明显的季节性

植物配置要避免单调、造作和雷同，形成春季繁花似锦，夏季绿树成荫，秋季叶色多变，冬季银装素裹，景观各异，近似自然风光，使游人感到大自然的生机及其变化。按季节变化可选择的树种有早春开花的迎春、桃花、榆叶梅、连翘、丁香等；晚春开花的蔷薇、玫瑰、棣棠等；初夏开花的木槿、紫薇和各种草花等；秋天观叶的枫香、红枫、三角枫、银杏和观果的海棠、山里红等；冬季翠绿的油松、桧柏、龙柏等。总的配置效果应是三季有花、四季有绿，即所谓“春意早临花争艳，夏季浓苍不萧条”的设计原则。在树木配置中，常绿的比例占 1/4 ～ 1/3 较合适，枝叶茂盛的比枝叶少的效果好，阔叶树比针叶树效果好，乔灌木搭配的比只种乔木或灌木的效果好，有草坪的比无草坪的效果好，多样种植物比纯林效果好。另外，也可选用一些药用植物、果树等有经济价值的植物来配置，使游人来到林木葱葱、花草繁茂的绿地或漫步在林荫道上，感受满目青翠心旷神怡而流连忘返。

（6）草本花卉可弥补木本花卉的不足

木绣球前可植美人蕉，樱花树下配万寿菊和偃柏，可达到三季有花、四季常青的效果。园林植物配置应在色泽、花型、树冠形状和高度、植物寿命和生长势等方面相互协调。同时，还应考虑到每个组合内部植物构成的比例及这种结构本身与游览路线的关系。设计每个组合还应考虑周围裸露的地面、草坪、水池、地表等几个组合之间的关系。

（7） 对比和衬托是生态园林设计植物配置时的常用表现手法

对比和衬托利用植物不同的形态特征，运用高低、姿态、叶形叶色、花形花色的对比手法，表现一定的艺术构思，衬托出美的植物景观。在树丛组合时，要特别注意相互间的协调，不宜将形态姿色差异很大的树种组合在一起。运用水平与垂直对比法、体形大小对比法和色彩与明暗对比法三种方法比较适合。动势和均衡各种植物姿态不同，有的比较规整；有的有一种动势，如松树。配置时，要讲求植物相互之间或植物与环境中其他要素之间的和谐协调；同时还要考虑植物在不同的生长阶段和季节的变化，不要因此产生不平衡的状况。

起伏和韵律有两种，一种是“严格韵律”，另一种是“自由韵律”。道路两旁和狭长形地带的植物配置最容易体现出韵律感，但要注意纵向的立体轮廓线和空间变换，做到高低搭配、有起有伏，这样才产生节奏韵律感，尽量避免布局呆板。为克服层次和背景景观的单调，宜以乔木、灌木、花卉、地被植物进行多层的配置。不同花色花期的植物相间分层配置，可以使植物景观丰富多彩。背景树一般宜高于前景树，栽植密度宜大。最好形成绿色屏障，色调加深，或与前景有较大的色调和色度上的差异，以加强衬托，如图 3-26 所示。

图 3-26　不同树形植物的对比与烘托

七、生态园林产生的效益分析

（1）景观效益

多层次的植物群落，扩大了绿量，提高了透视率，创造了优美的林冠线和自然的林缘线，比零星点缀的植物个体具有更高的观赏价值。在不同的环境条件，不同的地理位置，营造多姿多彩的植物群落，能够最大限度地满足城市居民对绿色的渴求，调和过多的建筑、道路、广场、桥梁等生硬的人工景观对人产生的心理压抑。园林中的植物群落与山坡、建筑、水体、草坪等搭配及易形成主景，山坡上的植物群落可以衬托地形的变化，使山坡变得郁郁葱葱，创作出优美的森林景观；建筑物旁的植物群落对建筑物起到很好的遮挡和装饰作用，城市建筑也因掩映于充满生机的植物群落而充满活力；以草坪为背景和基调营造的植物群落能够丰富草坪的层次和色彩，提高草坪和植物群落的观赏价值。

（2）生态效益

城市绿地改善城市生态环境的作用是通过园林植物的物质循环和能量流动所产生的生态效益来实现的。生态效益的大小取决于绿量，而绿量的大小则取决于园林植物总叶面积的大小。植物群落增加了单位面积上的植物层次与数量，所以单位面积上的叶面积指数高，光合作用增强，对生态系统的作用比单层树木大，例如乔灌草结合的群落产生生态效益比草坪高 4 倍。植物群落结构复杂，稳定性强，防风、防尘、降低噪音、吸收有害气体也明显增强，因此，在有限的城市绿地中建立尽可能多的植物群落是改善城市环境，发展生态园林的必由之路。

（3）社会效益

生态园林的社会效益，不仅是以开展各项多姿多彩的社会文体活动来吸引游客为主要目的，更重要的是按生态园林绿地的基本知识，把园林与人类自然进行有效连接，以新型视角指引人们与自然和谐共处，尊重自然的客观规律。创建知识型植物群落，激发人们进行探究自然的奥秘；组建保健型植物群落，把人类健康与植物生态促进性进行合理结合；用生产型植物群落来提高人们的生产生活水平；观赏植物群落激发人们热爱自然、保护自然的意识。在住宅附近成片种植植物群落，对消除人们的身心压力，培养儿童、青少年的公益观念具有十分显著的作用。通过日常对自然界植物群落的生长、开花、凋谢、季节变换等生命活动的展开以及和鸟类、小动物等动物的亲密性接触，能够促进孩子们各方面创造力和想象力以及热爱生活能力的提升。总之，人类认识自然、利用自然、改造自然的生产生活中的一切发挥主观能动性的活动都离不开绿色植物。所以生态园林只是人类模拟大自然的一个人工缩影，园林不仅仅只是一个游憩空间，更应该是人类取之于自然用之于自然的一块人工植物群落。

（4）经济效益

现在植物的养护管理手段大多有效利用率不高，普遍存在浪费时间、经济、人力物力以及污染环境的现象。和谐稳定的植物群落配置具有自我修复和调节能力，例如把落叶转化为植物营养的原料，变废为宝，减少不必要的养护管理成本和工作。建立多种复合型植物混交类植物群落景观。如阳性与中、阴性，深根与浅根，落叶与常绿，针叶与阔叶等植物树种的混合种植。充分利用各种生态因子作用的发挥，使具有不同生态特性的植物能各得其所，不仅有利于植物的生长，还可以兼具防止病虫害的作用，例如：松栎混交可互相抵御松毛虫，从根本上降低后期养护费用。另外，园林植物本身还具有多种经济价值，把园林经济效益从目前第三产业收入向着开发园林植物自身资源转化是未来的发展趋势。

第五节　结语

总之，在如今生存环境逐渐遭受破坏的今天，人们对生态环境的认识不断提高，生态意识已经深入人心。生态园林作为生态环境的重要组成部分，它不仅仅只是绿色植物的堆积和简单的返璞归真，在园林设计当中，要以满足当代人对生理、社交以及安全的需求为前提，遵循功能性和艺术性以及社会文化性相结合的原则来进行方案设计。生态园林的植物配置离不开生态学、美学和各生态群落的审美基础上的艺术配置。文化的多元化要求设计师在满足人们对生态景观环境多元化需求的同时，还能兼具艺术性和个性色彩以及园林的自然属性的回归。建立一个人与自然和谐共存的新型生态文明时代，这不仅是顺应社会和人类文明的需要，更是不可阻挡的社会发展趋势，更是人类社会正进入“生态文明时代”的标志。

在新时代背景下，景观规划设计本身作为一门多学科交叉的专业，涉及许多自然科学与社会科学，生态园林绿地作为城市的有机组成部分，对改善城市日益恶化的环境，为城市中的人类提供一个安全、舒适、健康的生活、工作的环境，实现城市生态系统良性循环发展，推进城市的可持续发展有重要意义。因此，研究植物造景设计的生态化原理能够帮助我们更好地研究中国园林的精髓，继承和发扬中国园林的艺术手法，更能指导我们把生态学理论与园林景观艺术结合在一起，发挥主观能动性，创造一个生态协调稳定、景观优美的休憩地，极大地改善丰富和调节人们的精神生活。

第四章　植物与其他景观配置设计

学习目的与要求：

（1）掌握各种建筑及小品的植物配置方法。

（2）了解各类水体植物造景的特点及各类水体的植物选择，掌握各类水体的植物配置方法。

（3）了解道路植物造景的形式、配置的特点，掌握道路的植物景观设计。

（4）了解岩石与植物的配置方法，了解岩石的植物景观设计。

（5）了解地形变化对植物的影响，植物对改造地形的作用。

（6）了解立体绿化在不同状况下的配置要点。

本章重点和难点：

（1）掌握各种建筑及小品的植物配置方法。

（2）掌握道路的植物景观设计，了解道路植物造景的形式、配置的特点。

（3）掌握地形变化对植物的影响，植物对改造地形的作用。

第一节　地形

地形是景观设计最基本的场地特征。“地形”是“地貌”的近义词，意思是地球表面三度空间的高低起伏变化。简言之，地形是地表的外观。根据规模不同可分为大地形、小地形、微地形。“大地形”主要是指自然界的平原、草原、丘陵、高山、盆地等；“小地形”涉及的范围相对较小，如平地、土丘、台地、斜坡、台阶等小尺度范围内的地平面的变化；“微地形”起伏更小，如道路上铺地材质变化、沙丘上的起伏变化等。本节内容中的地形主要是指景观设计中最常见的“小地形”。

地形直接联系着众多的环境因素和环境外貌，所以地形能影响某一区域的美学特征，影响空间的构成和空间感受，也影响景观、排水、小气候、土地的使用，以及影响特定园址中的功能作用。地形还对景观中其他自然设计要素的作用和重要性起支配作用。所以所有设计要素和外加在景观中的其他要素都在某种程度上依赖地形，并相联系。

地形是室外环境中的基础成分，它是连接景观中所有因素和空间的主线。在平坦的地方，地形的作用是统一和协调；在崎岖的地方，它的作用是分割。

地形对室外环境还有其他显著的影响，地形被认为是构成景观任何部分的基本结构因素。地形能系统的制定出环境的总顺序和形态。因此，在设计过程中的基址分析阶段，正确评估某一已知园址时，最明确的做法是首先对地形进行分析研究，尤其是该地形既不平坦又不均匀时，基址地形的分析，能知道设计师掌握其结构和方位。同时也暗示风景园林师对各不同的用地、空间以及其他因素与园址地形的内在结构保持一致。

地形还可以作为其他设计因素布局和使用功能布局的基础或场所，它是室外空间和用地的基础，所以设计程序的首要任务是绘制基础图，然后设计师根据原地形图画出用地的功能分区图，这一步很重要，因为它的布局会影响室外环境的序列、比例尺度、特征或主题以及环境质量。

风景园林师独特而显著的特点之一，就是具有灵敏地利用和熟练地使用地形的能力。此外，风景园林业还标志着公众的使用和享受而改变和管理地球表面。

在构成景观空间的诸多元素中，地形是其中最重要的要素之一。植物、园路、铺地、水体等其他元素均位于地形之上，对场地的功能布局、道路的线型和走向、建筑的组合布局与形态以及各种工程建设等都有一定的影响。地形是其他元素的依托，是景观空间的形态基础。

一、地形的类型

地形的类型可以根据不同的途径进行划分，比如规模、坡地、地质构造、形态等。对于景观设计师来说，形态是涉及地形的视觉和功能特性最重要的因素之一。地形根据形状可以分为五类：平地、凸地、山脊、凹地、谷地。这五类地形各具特色，在景观场地中彼此相连、相互融合，构成了丰富多彩的景观基础。

1. 平地

任何土地的基面应在视觉上与水平面相平行。这只是相对的，即使有微小的坡度或轻微的起伏，也包括在内，水平不等于平坦。平地是所有地形里最简明、最稳定的，给人以舒适、平静、踏实的感受。平地的适应性很广，能承载各种各样的活动需求，既是人们站立、聚会或坐下休息的理想场所，也是建筑物或构筑物选址的最佳位置。因此，常常人为的平整土地创造出平坦的地形来，景观中大量的草坪、广场、建筑用地都是以平地的形式出现的。

平地限制较少，设计时对空间的操作灵活。平地本质上是一个宽阔的基面，其他景观要素都附着于其上，在视觉上给人以强烈的连续性和统一性，利用这种特性可以创造出一种平远、辽阔的感觉。平地的这种特性还适于作为重要建筑物或其他突出元素的背景；因为在水平面上的垂直要素更加容易成为人们视线的焦点。

当然，在设计中还应看到平地的弊端，大面积的平坦、无明显起伏的地形，有时也会让人感到乏味无趣。所以在进行平地的空间设计时要避免过于单调直白的方式，应运用各种空间手法来丰富层次，如果可以适当抬高或降低地平面，划分出不用的空间平台；也可增加建筑物、构筑物、植物等垂直向的空间要素来遮挡视线，增加空间的视觉变化。总之要根据不同场地的使用性质来塑造不同的平地景观，有些需要突出其开敞、空旷的特点，有些则需要适当增加层次以加强空间的吸引力。

2. 凸地形

以环形同心的等高线布置环绕所在地面的制高点，表现形式有土丘、丘陵、山峦以及小山峰。它是一种正向实体，也是负向的空间，被填充的空间。（图 4-1 至图 4-6）

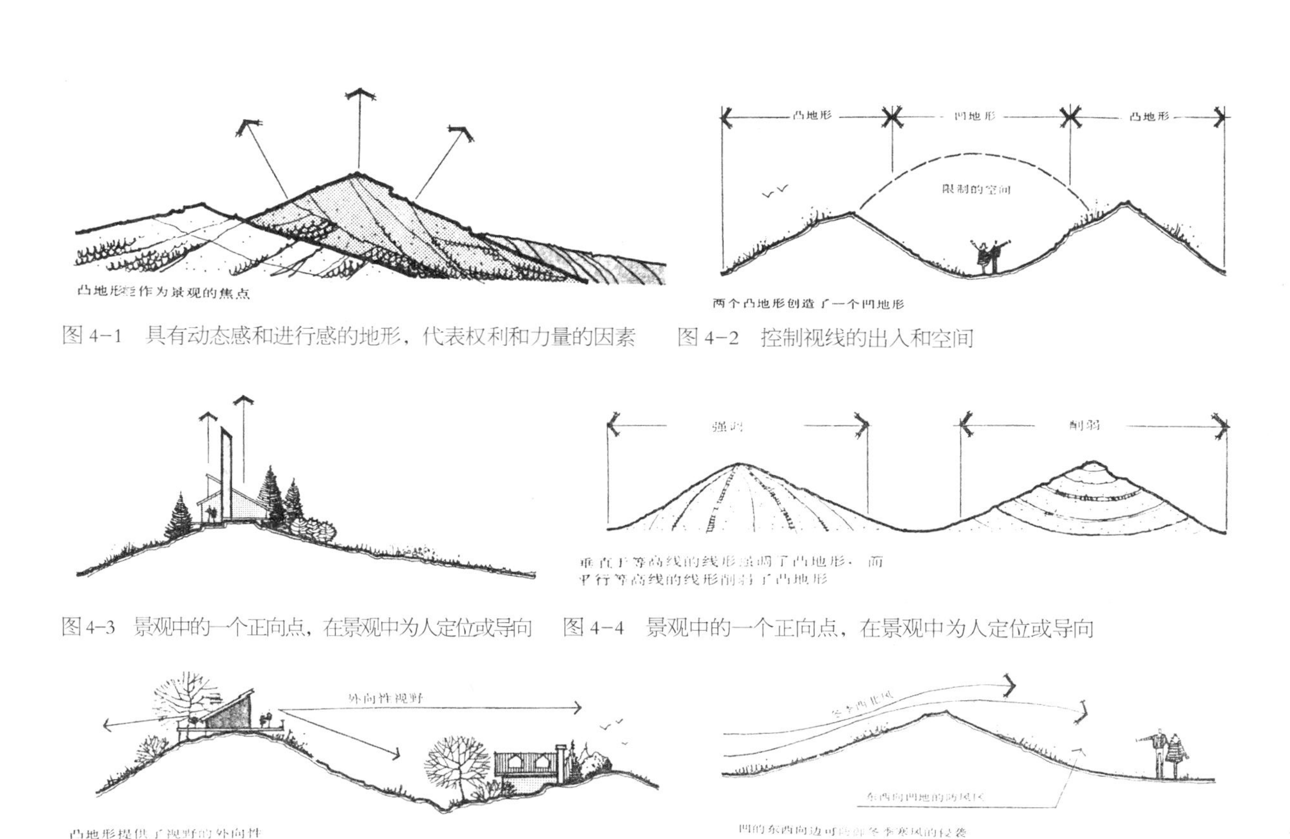

图 4-1　具有动态感和进行感的地形，代表权利和力量的因素　图 4-2　控制视线的出入和空间

图 4-3　景观中的一个正向点，在景观中为人定位或导向　图 4-4　景观中的一个正向点，在景观中为人定位或导向

图 4-5　可提供观察周围环境的更广泛的视野　图 4-6　对外环境的小气候具有明显的调节作用

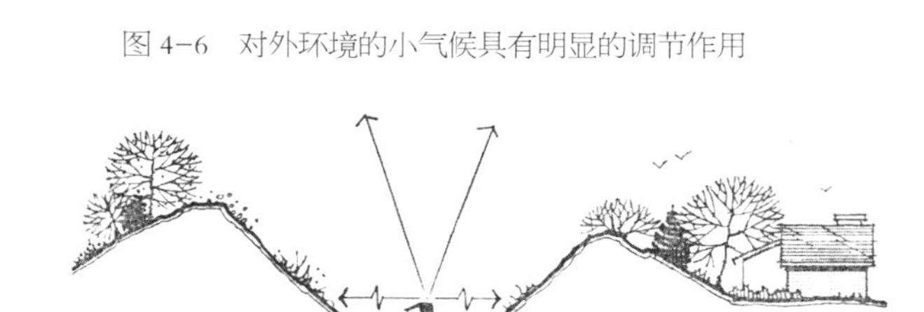

图 4-7　图 4-8

3. 山脊

总体呈线状，可限定户外空间边缘，调节其坡上和周围环境中的小气候，也能提供一个具有外倾于周围景观的制高点。所有脊地终点景观的视野效果最佳。它的独特之处在于它的导向性和动势感，能摄取视线并沿其长度引导视线的能力。山脊是大小道路，以及其他涉及流动要素的理想场所，它还具有外向的视野和易于排水的优点。不规则的和多方向的布局与山脊地形毫不相适。脊地还可以充当分隔物。

4. 凹地

又称为碗状洼地，它并非是一片实地，而是不折不扣的空间。它的形成有两种：当地面某一区域的泥土被挖掘时；当两片凸地形并排在一起时（图 4-7）。它的空间制约取决于周围坡度的陡峭和高度以及空间的宽度。

凹面地形是一个具有内向型和不受外界干扰的空间，将人的注意力集中在其中心或底层。通常给人分割感、封闭感和私密感。（图 4-8、图 4-9）

5. 谷地

谷地呈线状洼地，综合了某些凹地和山脊的特点。与凹地相似，谷地在景观中也是个低地，具有凹地的某些空间特性。同时它与山脊相似，呈线状，具有方向性，有些公路会沿着谷地修建。值得注意的是，谷地通常伴有小溪、河流以及相应的泛滥区，属于生态敏感区。因此，在谷地中修建道路和进行开发时，必须加倍小心，以避开生态敏感区，避免对生态环境造成破坏。

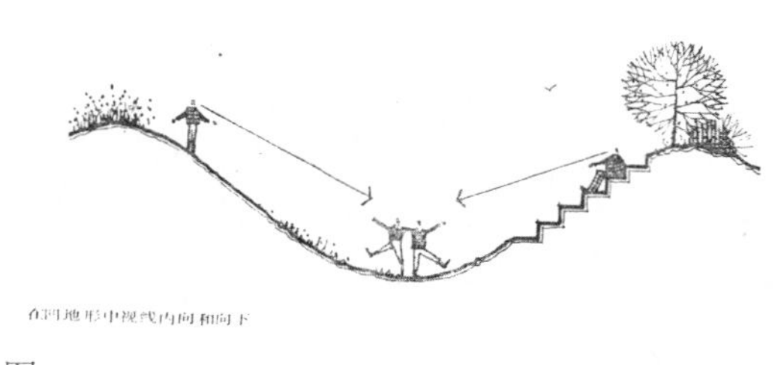

图 4–9

二、地形的要素

1. 坡度

地形的坡度一般用比例法和百分比法表示。

比例法，就是通过坡度的水平距离与垂直高度变化之间的比率来说明斜坡的倾斜度。通常将垂直高度变化的数值简化为 1，水平距离和垂直距离的比值关系为 2 ： 1 是不受冲蚀的地基上所允许的最大绝对斜坡。所有 2 ： 1 的斜坡都必须种植地被植物或其他植物，以防止冲蚀； 3 ： 1 则是大多数草坪和种植区域所需的最大坡度； 4 ： 1 是可用剪草机进行养护的最大坡度。

百分比法指的是斜坡的垂直高差除以整个斜坡的水平距离，公式是：上升高 ÷ 水平走向距离 = 百分比，是制作坡度分析图的基础，也是制定设计标准和尺度的依据。

坡度为 0% ～ 1%（过于平坦）：这种比例的斜坡总的来说排水性差，它除了适宜作为受保护的潮湿地外，几乎不适宜做室外空间利用和使用功能的开发。1% 的坡度最好让其成为一片开阔地或是一片保护区，这样有积水也不会有副作用。

坡度为 1% ～ 5%：该种比例的坡度对于许多外部空间和地形使用功能来说比较理想。它可为外部的开发提供最大的机动性，并最适应大面积工程用地的需要，不会出现平整土地的问题，但是它存在一个潜在缺点，延伸过大在视觉上就会单调乏味。1% 的坡度主要是草坪和草地。2% 的坡度是适合草坪运动场的最大坡度，也适合平台和庭院铺地。3% 的坡度使地面倾斜度显而易见，若低于 3% 的比例，地面则相对呈水平状。

坡度为 5% ～ 10%：可适合多种形式的土地利用，不过考虑到斜坡的走向，我们应合理安排各种工程要素。在这种坡度上若配置较密集的墙体和阶梯的话，完全可能创造出动人的平面变化。这种坡度的排水性总的来说是不错的，但若不加以控制，排水则很可能会引起水土流失。作为人行道来说，10% 的坡度为最大极限坡度。

10% ～ 15% 的起伏型斜坡：对于许多土地利用来说，这种坡度似乎有过于陡斜的感觉。为了防止水土流失，就必须尽量少动土方，所有主要的工程设施须与等高线相平行，以便能最大限度地减少土方挖填量，并使它们与地形在视觉上保持和谐。在该种斜坡的高处，通常视野开阔，能观察到四周的美丽景观。

大于 15% 的陡坡：因其陡峭而大多数不适于土地利用。况且，环境和经费开支也不容许在其上进行大规模的开发。不过，若对该种状况的地形使用得当，它便能创造出独特的建筑风格和动人的景观。

2. 坡向

坡向决定了太阳的辐射量。在北半球，东南坡、南坡、西南坡为全日向阳坡；东坡、西坡为半日向阳坡；

西北坡、北坡和东北坡为背阳坡。在选择建筑和景观场地布局时，应充分考虑坡向对小气候的影响。例如，应尽量避免将活动场地设置在夏日午后太阳辐射量大或冬季完全接受不到日照的地方。

地形对于通风的影响也很大，如山谷方向与季风方向一致的山谷会形成风道，通风良好；而与季风方向垂直的山谷，则会形成风影区。从风向上来说，冬天的冷风来自北方；夏日的凉风来自东南方。因此，西北坡在冬季迎着主导风向，暴露于寒风之中；而东南坡冬季不受寒风吹袭，却经常受到凉爽的夏季风吹袭，加之能享受冬季和夏日午后的阳光，因此综合来看，东南坡是开发的最优地段。了解不同坡向的气候特点，可以通过改造地形改善或创造出良好的区域小环境。

3. 山地的坡形

山地的坡形复杂，特征丰富。明代的计成在《园冶》中对园林的相对择址做了精辟的总结。他指出“园林地惟山林最胜，有高有凹，有曲有深，有峻有悬，有平有坦，自成天然之趣，不烦人事之功”。山地的坡形从大的方面来看，可按地形特征分为浅丘、浅丘兼深丘地带、深丘地带。从小的方面看，按地貌特征分为高地、山冈、山谷、盆地、河谷、冲沟、悬崖、陡坎等。不同坡形的处理按平面形式可分为：平直形、曲折形、凸弧形、凹弧形；按断面的形式可分为：均匀坡、台阶坡、跌落坡、曲折坡、阳弧坡、阴弧坡等。各种形态组合产生的多样性加上不同陡度的山体坡度，构成千姿百态的地形和鲜活的可识别性。

三、地形的作用

地形是景观设计的基础，对地形的深刻理解与有效利用将是景观设计成功的关键。地形的布局不仅直接影响着景观视觉效果，也影响可活动内容以及适用性等，同时也会对地面上的其他景观因素影响。在对地形的设计过程中应理性地认识地形所具备的功能，使之成为地形设计的重要依据之一。地形具有多方面的作用，主要表现在实用和美学两方面。以下着重对地形的实用功能加以分析。

1. 分割空间

将景观空间分隔成形体、大小、高低变化的小空间，再将其合理地组织起来能使得景观空间更加有层次，能够加强景观的纵深感和趣味感。

空间的形成方式：

（1）对原基础平面进行挖方降低平面；

（2）在原基础平面上添加泥土进行造型；

（3）增加凸面地形上的高度使空间完善；

（4）改变海拔高度构筑成平台或改变水平面。

当使用地形来限制外部空间时，有三个因素影响空间感：空间的底面范围（空间的底部或基础平面）；封闭斜坡的坡度；底面轮廓线。（图 4-10 至图 4-14）

2. 控制视线

（1）遮蔽视线

合理安排视线，控制景物的藏与漏，构造“山重水复疑无路，柳暗花明又一村”的视觉形象。（图 4-15）

以地形遮蔽视线除了用于组织空间之外，有时是为遮蔽影响景观效果的不雅物体而设的。（图 4-16）

（2）引导视线

地形可构成一系列赏景点，即以变化各异的观赏点给予景物千变万化的透视景象。（图 4-17）

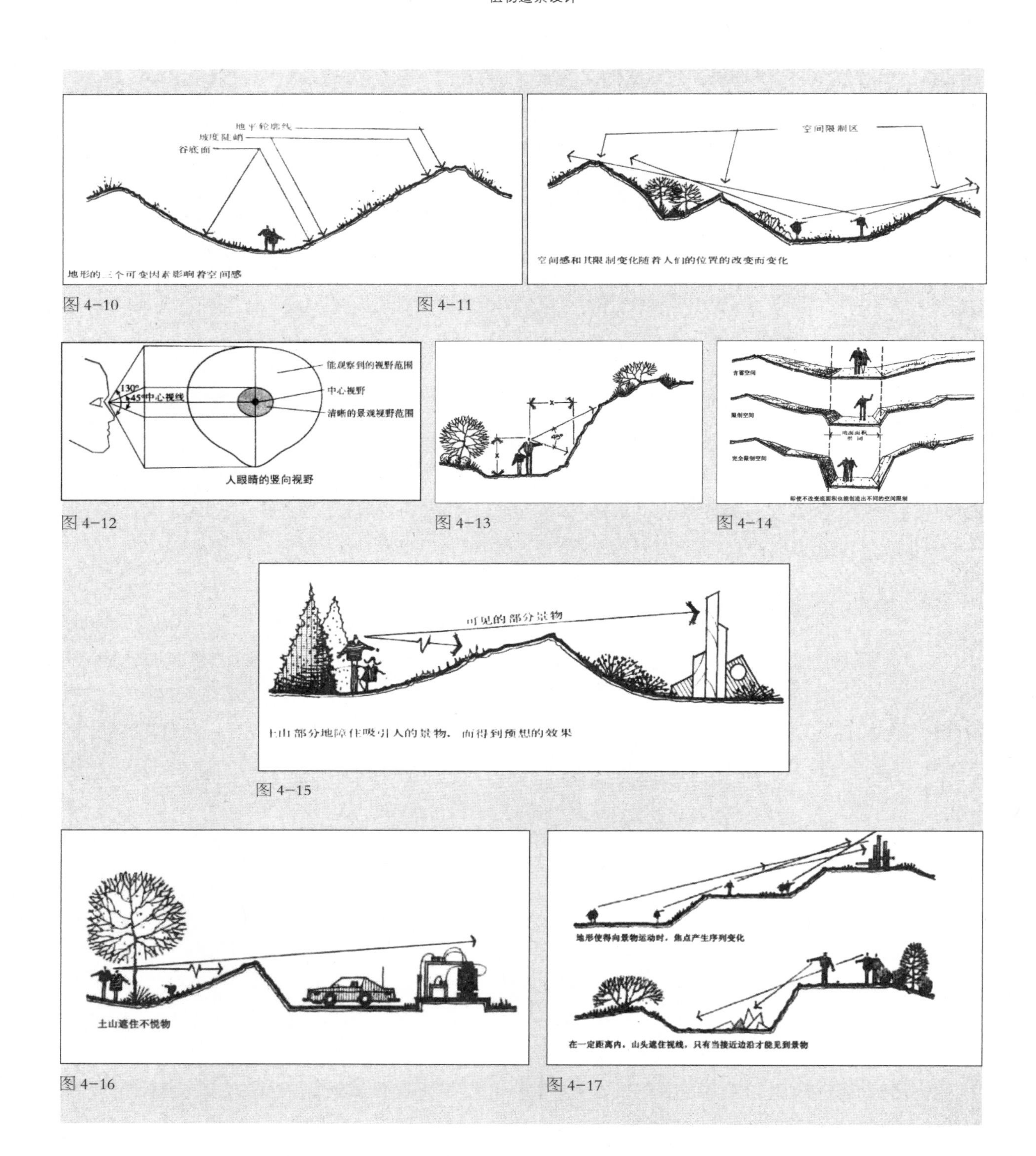

图 4-10
图 4-11
图 4-12
图 4-13
图 4-14
图 4-15
图 4-16
图 4-17

利用地形，抬高的绿地更有利于观赏。

3. 提供活动场地

丰富多彩的地形可以适合不同功能类型的景观，设计者应充分考虑使用者多种多样的活动需求，结合用地实际情况进行地形设计。例如在人流大量聚集的区域，需要有便捷的集散空间，如交通广场等，场地宜处理为平缓、开敞的地形，这类空间的地形设计相对自由，主要考虑周边环境的需要。（图 4-18、图 4-19）

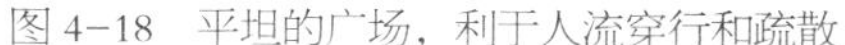

图 4-18 平坦的广场，利于人流穿行和疏散

图 4-19 和缓的坡地为人们观景提供了场所

湖池、溪流等水体，可以供游人划船、游泳、钓鱼、观鱼；山地可供登高远眺，或是开展登山活动；平坦或略有缓坡的草地则供人们自由活动休息，或是进行集体聚会等多种活动，儿童可以尽情嬉闹玩耍，而不用担心地形复杂带来的不安因素；体育活动的场所地形要符合各种运动的需求或平坦或陡峭变化等。

一些需要创造出景观节点或视觉中心的区域，可以处理成为起伏的地形，并以此为基础布置瀑布、跌水、泉和涓流等水景或其他类型的景观。起伏较大的地形则比较适合娱乐休闲类的景观，这类景观空间设计受地形制约较大，设计相对复杂，需要充分利用已有地形条件来营造空间。有时地形会成为景观中某个区域的主要造景手法，地形本身即是构成活动的场地，又是观赏对象。

4. 引导人流

景观中人员的行走、车辆的运行都在一定的地形中完成，地形会影响人和车运动的方向、速度和节奏。人在不同的地形中行走会有完全不同的感受，平坦的地形适于人的行走，人运动速度最快；沿坡向上攀登会增加行走的难度，减缓运动速度，人容易产生探寻、兴奋、崇敬的感受；沿坡向下走，人会感受趋于平静。

一般来说，人总是希望在阻力最小的路上行走，通常游线是最省力的路径，如沿着谷地、山脊及坡面上平行等高线行走。道路与地形等高线相垂直时坡度最陡，而沿着等高线时坡度较平缓。步行道的坡度最好不要超过 10%，对于过陡的人行道需要通过台阶的方式解决或重新选择路线。另外，应注意在景观设计中结合地形将人流路线设计得尽可能丰富，平路、坡路、台阶以及休息平台结合起来有节奏地设置，避免某种形式延续过长，给人乏味感。（图 4-20、图 4-21）

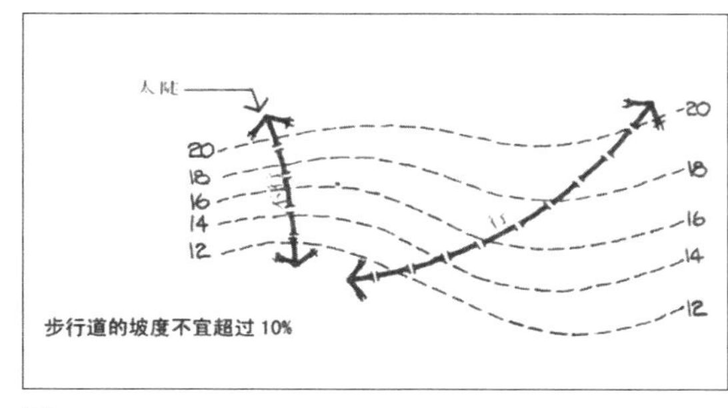

图 4-20

快速行走
慢速行走
快速行走
慢速行走
快速行走
行走的速度受地面坡度的影响

图 4-21

5. 解决排水

解决场地排水是地形的又一个重要的功能。地形过于平坦不利于排水，容易积水而破坏土壤稳定性，对建筑物、道路以及植物生长都不利。地形坡度过大又会使得地表径流过大，容易引起水土流失或滑坡。

正确的做法是使地形适当起伏，合理安排分水和汇水线，保证地形具有比较好的自然排水条件。当地形过于陡峭，空间又很局促时可于坡顶设置排水沟，坡底设置挡土墙，并在坡面上种植树木、覆盖地被植物，布置有一定深度的石块以防止水土流失或滑坡。地形的排水作用应和景观中的水景结合考虑，处理得当可形成溪、涧、跌水、净水面等景观效果。（图 4-22）

6. 改善小气候

地形是小气候形成的重要因素。在景观设计之初就应对地块的地形进行认真的分析，选择小气候优良的位置布置主要功能区。或在设计过程中通过适当的地形塑造，如堆山挖池等手段实现改善小气候的目的。如在夏季较热地区的景观，可考虑在夏季风的上风向位置设置湖泊水池，水体会对夏季风有降温的作用，使人感觉更凉爽。（图 4-23）

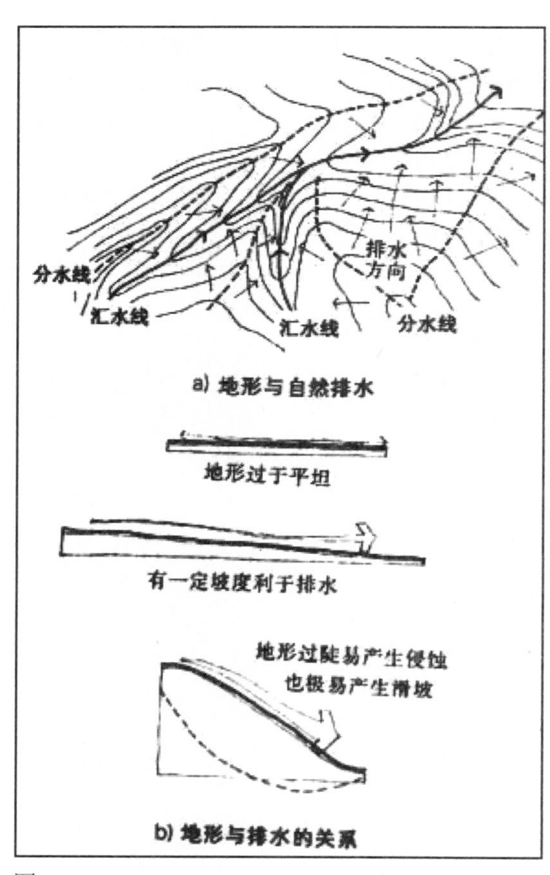

图 4-22

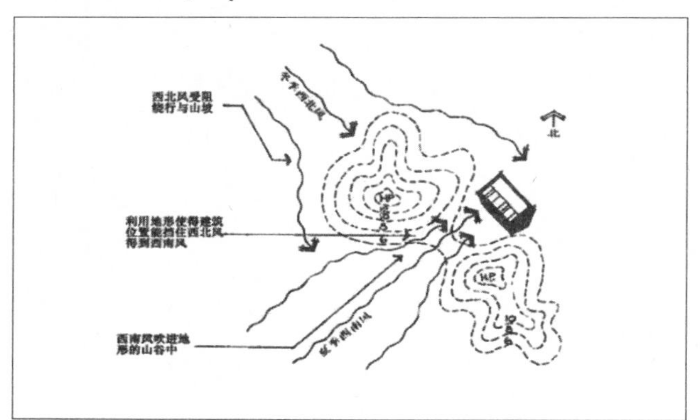

图 4-23　利用地形使建筑能得到夏季微风和阻碍冬季风的分析

7. 改善种植条件

自然界中的地形种类是非常丰富的，为植物提供了不同的生存环境，造就了变化多端、美不胜收的植物群落的美景。在景观设计中，除了某些特别强调整齐划一、严肃规整的场合，大多数情况下可将地形加以处理，使其有一定的高低起伏并适当结合水体设计。这样一方面可以增加地表的表面积，增加绿地的植物量；另一方面可以为植物提供更为丰富的生存环境，有利于景观多样化的发展。如在水中可种植荷花、睡莲等水生植物；在河畔、溪涧旁，可种植水杉、垂柳、合欢等喜水湿的植物；在山顶高处地带，可种植雪松、白皮松、柏类、玉兰、木槿等旱生树种。各种不同生活习性的植物都能够各得其所，有利于形成结构合理、稳定的植物群落，实现良好的景观生态格局。

四、地形设计的原则

地形处理的好坏直接影响景观空间的美学特征和人们的空间感受，以及空间的布局方式、景观效果、排水设施等要素。景观地形的处理必须遵循一定的原则。

1. 因地制宜、适度改造原则

因地制宜在这里是指根据不同的地形特点进行具有针对性的设计。地形景观必须与景园建筑景观相协调，以消除建筑与环境的界限，协调建筑与周边环境，使建筑、地形与绿化景观融为一体，体现返璞归真、崇尚自然、向往自然的心理。

自然是最好的景观，结合景点的自然地形、地势地貌，体现乡土风貌和地表特征，切实做到顺应自然、返璞归真、就地取材、追求天趣。地形的高低、大小、比例、尺度、外观形态等方面的变化创造出丰富的地表特征，为景观变化提供了依托的基质。在较大的场景中需要宽阔平坦的绿地、大型草坪或疏林草地，来展现宏伟壮观的场景；但在较小范围内，可从水平和垂直两维空间打破整齐划一的感觉。通过适当的微地形处理，以创造更多的层次和空间，以精、巧形成景观精华。

2. 整体性原则

某区域的景观地形是更大区域环境的一部分，地形具有连续性，它并不能脱离周围环境的影响，因此对于场地的地形设计要考虑周边地形、建筑等环境因素。并且地形只是景观中的一个要素，另外还有其他的要素如水体、植物等，它们之间相互联系、互相影响、互相制约，共同构成景观环境，彼此不可孤立存在。因此，每块地形的处理都要考虑各种因素的关系，既要保持排水、工程量及种植要求，又要考虑在视觉形态方面与周围环境融为一体，力求达到最佳整体效果。

3. 美观、安全原则

景观中的地形设计在满足了以上提到的诸多实用功能之外还应注重美观。地形不仅是景观设计的基础，同时可以当做布局和视觉要素来使用。土壤本身是一种可塑性极强的物质，它能被任意塑造成具有各种特性、美学价值的赏心悦目的形态，使得地形本身成为吸引视线的焦点。

第二节　园路

园路这里所说的园路，是指绿地中的道路、广场等各种铺装地坪。它是园林不可缺少的构成要素，是园林的骨架、网络。园路的规划布置，往往反映不同的园林面貌和风格。例如，我国苏州古典园林，讲究峰回路转、曲折迂回；而西欧古典园林凡尔赛宫，讲究平面几何形状。

一、园路的功能

园路和多数城市道路不同之处，在于除了组织交通、运输，还有其景观上要求：组织游览线路；提供休憩地面。园路、广场的铺装、线型、色彩等本身也是园林景观一部分。总之，园路引导游人到景区，沿路组织游人休憩观景，园路本身也成为观赏对象。

园路是园林绿地中的重要组成部分，它像人体的脉络一样，贯穿于主园各景区的景点之间，它不仅导引人流、疏导交通，并且将园林绿地空间划成了不同形状、不同大小、不同功能的一系列空间。因此，园路的规划，直接影响到园林绿地各功能空间划分得合理与否、人流交通是否通畅、景观组织是否合理，对园林绿地的整体规划的合理性起着举足轻重的作用。本书通过大量收集与查阅资料、文献，从理论上详细论证与探讨园路在规划中应遵循的原则，以及应注意的问题等，为园林绿地景观的规划提供可靠的理论依据。

回想杭州胡绪渭先生在讲解花港观鱼牡丹园时，对“梅影坡”的分析论述是极有启发意义的；对着梅桩，铺砌其倒影的地面。此情此景，让人浮相联翩，流连忘返。

二、园路的类型和尺度

1. 园路的类型

园路的基本类型有：路堑型、路堤型、特殊型（包括步石、汀步、磴道、攀梯等）。在园林绿地规划中，按其性质功能将园路分为：

（1）主要园路：联系全园，是罗林内大量游人所要行进的路线，必要时可通行少量管理用车，道路两旁应充分绿化，宽度 4 ～ 6m。

（2）次要园路：是主要园路的辅助道路，沟通各景点、建筑，宽度 2 ～ 4m。

（3）游息小路：主要供散步休息，引导游人更深入地到达园林各个角落，双人行走 1.2 ～ 1.5m，单人 0.6 ～ 1m，如山上、水边、疏林中，多曲折，自由布置。

（4）变态路：根据游赏功能的要求，还有很多变态的路，步石、汀步、休息岛、礓、礤、踏级、磴道等。

2. 园路的尺度

这里要强调的有三点：

（1）园路的铺装宽度和园路的空间尺度，是有联系但又不同的两个概念。旧城区道路狭窄，街道绿地不多，因此路面有多宽，它的空间也有多大。而园路是绿地中的一部分，它的空间尺寸既包含有路面的铺装宽度，也有四周地形地貌的影响，不能以铺装宽度代替空间尺度要求。

一般园林绿地通车频率并不高，人流也分散，不必为追求景观的气魄、雄伟而随意扩大路面铺砌范围，减少绿地面积，增加工程投资。倒是应该注意园路两侧空间的变化，疏密相间，留有透视线，并有适当缓冲草地，以开阔视野，并借以解决节假日、集会人流的集散问题。园林中最有气魄、最雄伟的是绿色植物景观，而不应该是人工构筑物。

（2）园路和广场的尺度、分布密度应该是人流密度客观、合理的反映。上述的路宽，是一般情况下的参考值。“路是走出来的”，从另一方面说明，人多的地方，如游乐场、入口大门等，尺度和密度应该是大一些；休闲散步区域，相反要小一些，达不到这个要求，绿地就极易损坏。20 世纪六七十年代上海市中心的人民公园草地，被喻为金子铺出来的，就是这个原因。现在很多规划设计，反过来夸大第五立面、铺砌地坪的作用，增加建设投资，也导致终日暴晒，行人屈指可数，于生态不利，不能不说是一种弊病。

当然，这也和园林绿地的性质、风格、地位有关系。例如，动物园比一般休息公园园路的尺度、密度要大一些；市区比郊区公园大一些；中国古典园林由于建筑密集，铺装地往往也大一些。建筑物和设备的铺装地面，是导游路线的一部分，但它不是园路，是园路的延伸和补充。

（3）在大型新建绿地，如郊区人工森林公园，因为规模宏大，几千亩至万亩，要分清轻重缓急，逐步建设园路。建园伊始，只要道路能达到生产、运输的要求，例如，每 200 ～ 500 米，其密度就可以了。随着园林面貌的逐步形成，再建设其他园路和小径、设施，以节约投资。初期建设也以只建园路路基最为合理有利，如南汇的滨海人工森林公园。

三、园路的功能与特点

1. 组织空间，引导游览

在公园中常常是利用地形、建筑、植物或道路把全园分隔成各种不同功能的景区，同时又通过道路，把各个景区联系成一个整体。这其中浏览程序的安排，对中国园林来讲，是十分重要的。它能将设计者的造景序列传达给游客。中国园林不仅是“形”的创作，而且由“形”到“神”的一个转化过程。园林不是设计一个个静止的“境界”，而是创作一系列运动中的“境界”。游人所获得的是连续印象所带来的综合效果，是由印象的积累，而在思想情感上所带来的感染力。这正是中国园林的魅力所在。园路正是能担负起这个组织园林的观赏程序，自游客展示园林风景画面的作用。它能通过自己的布局和路面铺砌的图案，引导游客按照设计者的意图、路线和角度来游赏景物。从这个意义上来讲，园路是游客的导游者。（图 4-24）

图 4-24

2. 组织交通

园路对游客的集散、疏导，满足园林绿化、建筑维修、养护、管理等工作的运输工作，对安全、防火、职工电话、公共餐厅、小卖部等园务工作的运输任务。对于小公园，这些任务可以综合考虑；过于大型的公园，由于园务工作交通量大，有时可以设置专门的路线和入口。

3. 构成园景

园路优美的曲线，丰富多彩的路面铺装，可与周围山、水、建筑花草、树木、石景等景物紧密结合，不仅是“因景设路”，而且是“因路保景”，所以园路可行可游，行游统一。

除此之外，园路还可为水电工程打下基础和改善园林小气候。

四、园路规划原则

1. 园路在园林中的尺度与密度

园路的尺度、分布密度，应该是人流密度客观、合理的反映。“路是走出来的”，从另一个方面说明，人多的地方（如游乐场、入口大门等）尺度和密度应该大一些；休闲散步区域相反要小一些，达不到这个要求，绿地就极易损坏。

此外，现代园林绿地中还应增加相应的活动场地。园林过去多以参观游览为主。游园的方式，注意自我感受，人们以思索、追溯领悟艺术中的哲理情感为主要欣赏方式，追求所谓“神游”。而现代人的旅游方式有一种要求与参与的趋势。人们不仅要求环境优美，而且要求在这样的环境中从事文娱、体育活动，甚至进行某些学术活动，获取知识，因此，还要理解相当数量的活动场地。

园路广场的占地比例：在儿童公园、居住区公园一般可占 10% ～ 20%；在带状绿地，小游园可占 10% ～ 15%；其他公园可占 10% ～ 15%。（表 4-1）

表 4–1　园路广场占地比例表

公园类别	园路广场 %	活动场 %
古典园林	12 ～ 15	1.5 ～ 2
坛庙园林	10 ～ 20	1 ～ 2
综合性公园	10 ～ 15	1.5 ～ 4
带状综地及游园	21 ～ 30	1 ～ 1.5
住区公园	10 ～ 20	2 ～ 5
动物园	10 ～ 20	2.5 ～ 3
植物园	6 ～ 8	2.5 ～ 3
儿童公园	15 ～ 20	10 ～ 15
近效风景区	8 ～ 10	2 ～ 2.5
其他	10 ～ 20	2 ～ 2.5

2. 园路设计的基本技术要素

（1）道路平面设计

道路的平面位置是由道路的起讫点及中间控制点之间连成的折线决定。道路平面设计的主要内容是根据路网规划的大致方向，在满足车行条件下，结合自然条件及建筑物的布局，因地制宜地确定路线具体方向及位置，选择合理的曲线半径，解决直线与曲线的衔接。

①平面曲线半径：在道路转折处，为了使路线平面形状与车辆转弯行驶轨迹相适应，需要用曲线连接，在道路设计中一般使用圆曲线。（图 4-25）

②行车视距

停车视距：停车视距是指车辆在行驶方向前面遇到障碍物，必须及时制动停车所需要的可见安全距离。

图 4–25

会车视距：当往返车辆行驶于同一车道相遇而无法错让时，双方均需要制动停车以保证安全，这时所需要的最短安全距离即为会车视距。

平曲线上的视距保证：车辆在平面曲线上行驶时，曲线内侧的边缘、建筑物、树木、设施、广告牌等有可能会影响驾驶员的实现，满足不了行车视距要求，这时为了保证行车安全，需将所有遮挡视线的障碍物清除，这一清除需要的最小范围的宽度称为横净距，视距清楚范围应从车辆行驶轨迹线算起。

（2）道路纵断面设计

道路纵断面是指沿道路中心线竖向剖切的展开面。在道路纵断面图上主要有两条线，一条是道路中心线处的原地面线，另一条是设计线。

①纵断面设计内容

纵断面设计的主要内容是根据道路交通要求、当地气候和地形等自然条件、排水要求以及沿路建筑情况、土石方平衡要求、施工条件等合理确定道路纵断面设计线的坡度、坡长，坡道相互连接处满足行车技术要求的竖曲线，计算各柱点施工高度等，标定桥涵构筑物的标高等。

②纵断面设计要求

a. 线形平顺，保证行车安全、迅速；

b. 尽量缩小工程量；

c. 保证道路及两侧建筑用地的排水要求；

d. 满足地干管线的铺设要求；

e. 与平面线型配合，合理确定各竖向控制点的标高。

（3）道路的最大纵坡

为了保证道路有较好的行驶条件，道路变坡点间的距离不宜小于 50m，相邻坡段的坡差也不宜过大，并应避免锯齿形纵坡面。当道路纵坡较大时，应避免长距离上、下坡引起的交通不利状况，并保证行车安全，应对坡长加以限制。

（4）道路的最小纵坡

道路的纵坡应能适应路面上自然降水的排除，并不致造成地下雨（污）水等的淤塞道路的，道路这一最小纵向坡度值即为最小纵坡。这一纵坡值需根据当地雨季降水量大小、降水强度、路面类型以及排水管直径大小而定，一般介于 0.3% ～ 0.5% 之间。

为使道路线形平顺、行车平稳，并避免司机视线受阻，必须在道路竖向转坡点处设置平滑的竖曲线将相邻直线地段衔接起来。竖曲线又有抛物线形、 圆弧线形等，我国常采用后者，称为圆形竖曲线。

（5）道路平面交叉口设计

①道路交叉口的基本形式有十字形交叉口、X 形交叉口、T 字形交叉口、错位交叉口、Y 字形交叉口、复合式交叉口。

②缘石转弯半径。道路等级不同，设计车速不同，转弯半径取值也不同。在十字形交叉口处，缘石转弯半径分别是：主干路 R=20 ～ 25m, 次干路 R=10 ～ 15m, 支路 R=6 ～ 9m。

③交叉口处的视距保证场地道路的一般停车视距为 15m，交叉口视距为 21m。

3. 园路的线型

（1）规划中的园路，有自由、曲线的方式，也有规则、直线的方式，形成两种不同的园林风格。当然采用一种方式为主的同时，也可以用另一种方式补充。不管采取什么式样，园路忌讳断头路、回头路，除非有一个明显的终点景观和建筑。（图 4-26）

（2）园路并不是对着中轴，两边平行一成不变的，园路可以是不对称的。最典型的例子是浦东世纪大道：100 米的路幅，中心线向南移了 10 米，北侧人行道宽 44 米，种了 6 排行道树；南侧人行道宽 24 米，种了两排行道树；人行道的宽度加起来是车行道的两倍多。（图 4-27）

图 4–26　“九曲花街”，位于美国加利福尼亚州

图 4–27

（3）园路也可以根据功能需要采用变断面的形式。如转折处不同宽狭；坐凳、椅处外延边界；路旁的过路亭；还有园路和小广场相结合等。这样宽狭不一、曲直相济，反倒使园路多变、生动起来，做到一条路上休闲、停留和人行、运动相结合，各得其所。

（4）园路的转弯曲折。这在天然条件好的园林用地并不成问题：因地形地貌而迂回曲折，十分自然，不在话下。为了延长游览路线，增加游览趣味，提高绿地的利用率，园路往往设计成蜿蜒起伏状态，例如，在转折处布置一些山石、树木，或者地势升降，做到曲之有理，路在绿地中；而不是三步一弯、五步一曲，为曲而曲，脱离绿地而存在。陈从周说：“园林中曲与直是相对的，要曲中寓直，灵活应用，曲直自如。”做到：“虽由人作，宛如天开”。（图 4-28）

（5）园路的交叉要注意几点：

①避免多路交叉。这样路况复杂，导向不明。

②尽量靠近正交。锐角过小，车辆不易转弯，人行要穿绿地。

③做到主次分明。在宽度、铺装、走向上应有明显区别。

④要有景色和特点。尤其三岔路口，可形成对景，让人记忆犹新而不忘。

（6）园路在山坡时，坡度≥ 6，要顺着等高线作盘山路状，考虑自行车时坡度≤ 8，汽车≤ 15；如果考虑人力三轮车，坡度还小，为≤ 3。人行坡度≥ 10%时，要考虑设计台阶。园路和等高线斜交，来回曲折，增加观赏点和观赏面，未尝不是好事。

（7）安排好残疾人所到范围和用路。

图 4–28

五、园路的铺装

园路可根据景观要求选择提高路面的艺术效果。将路作为景的一部分来创作，在园林中用纹样来衬托，美化环境增加园林特色。在园林中，铺地的纹样常因场所的不同而各有变化。铺地纹样具有空间的指引性，在长方形的空间中装饰重点在道路的两侧或对整条道路进行装饰，或强调某路的起点。圆形、方形、十字形等形式的空间，具有向心的指向性，重点在中心；L 形的空间具有转角的指引性，也是装饰的重点。根据不同场地的功能对地面进行铺装设计。园路及铺装场地应根据不同的功能要求确定其结构和饰面，面层材料应与公园风格相协调。如休息场地的地面，设计成带图案的地面，或卵石镶嵌成各种纹样材料的选择，看是否与环境协调，一般选用自然化、乡土化、石材、石板、天然石块、鹅卵石等在清静、淡雅、朴素的林间小道，设计嵌草路面：在草坪中点缀步石。石的坚强、强壮的质感和草坪柔软光泽的质感相对比，从不同素材中看到了美。健康步道是近年来最为流行的足底按摩健身方式。通过行走在卵石路上按摩足底穴位达到健身目的，但又不失为园林一景。以中国香港的仿日本枯山水的造园方法，将卵石铺地配以山石和日本式的石灯即满足了居住区居民的健身休闲的目的，又是一个独特的园林小品以供人们欣赏。休闲、娱乐的小广场铺装设计应该做成镶嵌花纹的铺装。（图 4-29、图 4-30）

图 4-29　日本枯山水

图 4-30　日本枯山水

建议采块料——砂、石、木、预制品等面层，砂土基层即属该类型园路。这是上可透气、下可渗水的园林—生态—环保道路。之所以如此建议，是基于下面几点考虑：

（1）符合绿地生态要求。可透气渗水，极有利于树木的生长，同时减少沟渠外排水量，增加地下水补充。

（2）与园林景观相协调。自然、野趣，少留人工痕迹。尤其是郊区人工森林这种类型绿地，粗犷一些并无不当。

（3）新建园林，尤其是上海园林，往往因地形变更，土方工程使部分甚至大部分园路、广场处于新填土之上。

（4）园林绿地建设是一个长期过程，要不断补充完善。这种路面铺装适于分期建设，甚至临时放个过路沟管，抬高局部路面，也极容易不必如刚性路面那样“开肠剖肚”。

（5）园林绿地除建设期间外，园路车流频率不高，重型车也不多。

（6）这是我国园林传统做法的继承和延伸。

块料路面的铺砌也要注意几个问题：

首先广场内同一空间，园路同一走向，用一种式样的铺装较好。这样几个不同地方不同的铺砌，组成全园，达到统一中求变化的目的。实际上，这是以园路的铺装来表达园路的不同性质、用途和区域。

第二，一种类型铺装内，可用不同大小、材质和拼装方式的块料来组成，关键是用什么铺装在什么地方。例如，主要干道、交通性强的地方，要牢固、平坦、防滑、耐磨，线条简洁大方，便于施工和管理。如用同一种石料，变化大小或拼砌方法。小径、小空间、休闲林荫道，可丰富多彩一些，如我国古典园林。要深入研究园路所在其他园林要素的特征，以创造富于特色、脍炙人口的铺装来。明 · 计成在《园冶》中对此早有论述“惟所堂广厦中，铺一概磨砖，如路径盘蹊，长砌多般乱石，中庭式宜叠胜，近砌亦可回文，八角嵌方选鹅子铺成蜀锦”。

第三，块料的大小、形状，除了要与环境、空间相协调，还要适于自由曲折的线型铺砌，这是施工简易的关键；表面粗细适度，粗要可行儿童车、走高跟鞋，细不致雨天滑倒跌伤，块料尺寸模数，要与路面宽度相协调；使用不同材质块料拼砌，色彩、质感、形状等，对比要强烈。

第四，块料路面的边缘，要加固。损坏往往从这里开始。

第五，侧石问题。园路是否放侧石，各有己见。要看使用清扫机械是否需要有花边；所使用砌块拼砌后，边缘是否整齐；侧石是否可起到加固园路边缘的目的；最重要的是园路两侧绿地是否高出路面，在绿化尚未成型时，须以侧石防止水土冲刷。

第六，建议多采用自然材质块料。接近自然，朴实无华，价廉物美，经久耐用。甚至于旧料、废料略经加工也可利用为宝。日本有种路面是散铺粗砂，我们过去也有煤屑路面；碎大理石花岗岩板也广为使用，石屑更是常用填料。（图 4-31）

图 4-31

图 4-32

六、园路与种植

1. 与园路、广场有关的绿化形式主要有：中心绿道、回车道、行道树、花钵、花树坛、树阵以及两侧绿化。

2. 最好的绿化效果，应该是林荫夹道。郊区大面积绿化，行道树可和两旁绿化种植结合在一起，自由进出，不按间距灵活种植，实现路在林中走的意境。这不妨称之为夹景；一定距离在局部稍作浓密布置， 形成阻隔，是障景。障点使人有“山重水复疑无路，栖口暗花明又一村”的意境。城市绿地则要多几种绿化形式，才能减少人为的破坏。在车行园路，绿化的布置要符合行车视距、转弯半径等要求。特别是不要沿路边种植浓密树丛，以防人穿行时来不及刹车。

3. 要考虑把“绿”延伸到园路、广场的可能，相互交叉渗透，最为理想，使用点状路面，如旱汀步、间隔铺砌；使用空心砌块，目前使用最多的是植草砖。波兰有种空心砖，可使绿地占铺砌面 2/3 以上。在园路、广场中嵌入花钵、花树坛、树阵。（图 4-32）

4. 园路和绿地的高低关系。设计好的园路，常是浅埋于绿地之内，隐藏于绿丛之中的。尤其是山麓边坡外，园路一经暴露便会留下道道横行痕迹，极不美观，因此设计者往往要求路比“绿”低，但不一定是比“土”低。由此带来的是汇水问题，这时园路单边式两侧，距路 1 米左右，要安排很浅的明沟，降雨时是汇水泻入的雨水口，天晴时乃是草地的一种起伏变化。

第三节　水体

水是万物的生命源泉之一。古人称水为园林中的“血液”“灵魂”。古今中外的园林，对于水体的运用非常重视。在各种风格的园林中，水体均有不可替代的作用。早在三千多年前的周代，水就成为我国园林游乐的内容，在中国传统园林中，几乎是“无园不水”。有了水，园林就更添活泼的生机，也更增加波光粼粼、水影摇曳的形声之美。所以，古今中外的园林，对于水体的运用非常重视。在各种风格的园林中，水体均有不可替代的作用。

水是用于户外环境设计的自然设计因素。人们除了维持生命迫切需要水外，在感情上也喜欢水。人在本能上更是喜欢触水。水甚至有着治疗效果。水具有特殊的浪漫主义色彩。同时它可以有使空气凉爽、降低噪音、灌溉土地等实用功能。

一、水景在景观中的作用

园林水景有着多方面的功能和作用，但在造园作用方面，概括起来主要有以下几种：

1. 系带作用

水面具有将不同的园林空间和园林景点联系起来，而避免景观结构松散的作用，这种作用就叫做水面的系带作用，它有线型和面型两种表现形式。（图 4-33）

（1）将水作为一种关联因素。可以散落在景点之间产生紧密结合的关系，互相呼应，共同成景。一些曲折而狭长的水面，在造景中能够将许多景点串联起来，形成一个线状分布的风景带。

（2）一些宽广坦荡的水面，如杭州西湖，则把环湖的山、树、塔、庙、亭、廊等众多景点景物，和湖面上的苏堤、断桥、白堤、阮公墩等名胜古迹，紧紧地拉在一起，构成了一个丰富多彩、优美动人的巨大风景面。园林水体这种具有广泛联系特点的造景作用，称为面型系带作用。（图 4-34）

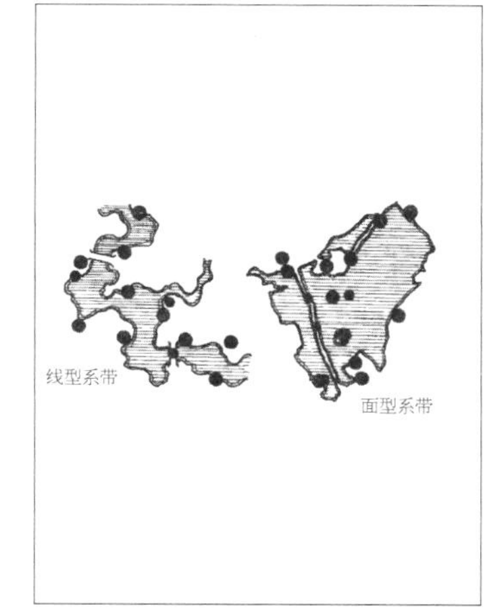

图 4-33

图 4-34

2. 统一作用

许多零散的景点均以水面作为联系纽带时，水面的统一作用就成了造景最基本的作用。

如苏州拙政园中，众多的景点均以水面为底景，使水面处于全园构图核心的地位，所有景物景点都围绕着水面布置，就使景观结构更加紧密，风景体系也就呈现出来，景观的整体性和统一性就大大加强了。

3. 焦点作用

飞涌的喷泉、狂跌的瀑布等动态水景，其形态和声响很容易引起人们的注意，对人们的视线具有一种收聚的、吸引的作用，这类水景往往就能够成为园林某一空间中的视线焦点和主景。这就是水体和直接焦点作用。

由于水面将园林空间在很大程度上敞开起来，水中的岛、堤、半岛，甚至某一段向水中凸出的湖岸等，都可能构成水体空间中的视觉焦点。这种视觉焦点是由水面所造成的，因此，可以认为这是园林水体间接的视觉焦点作用。

二、水体的分类以及水景与环境景观的关系

1. 水体的形式

（1）按其形状特征可分为点状水体（水池、泉眼、人工瀑布、喷泉）、线状水体（水道、溪流、人工渠）、面状水体（湖泊、池塘等）。

（2）按水体的形式可以分为自然式和规则式。

园林中的各种水体，无论它在园林中是以主景还是配景的形式出现，概括来说主要有两种应用形式：自然水体与规则式水体。在古希腊时期，受当时数学、几何学的发展以及哲学家美学观点的影响，他们认为美是通过数字比例来表现的，是有规律和秩序、符合比例协调的整体，因此只有强调均衡稳定的规则式，才能产生美感。所以当时规则样式的景观布局便在这种美学思想的影响下逐渐形成了。自然式的水体是仿自然形态，但又高于自然，把人工美和自然美巧妙结合，做到了“虽由人作，宛自天开”，即强调自然美，这是受到当时道家思想和地理条件所影响的。自然水体主要是利用现有的地形或土建的结构进行的设计，这种设计可以是自然存在的，也可以是人工建造的，它的形态多是不规则的形体，以曲线的形式存在，这种水体在我国传统园林中有较多的应用。

规则式水体是人工建造的储水容体，边沿平整，造型多为几何形体，适用于人为可控制的人工环境里。

①自然式的水体：人工模拟自然水景观而成，天然的或模仿天然形状的河、湖、泉等，在景观中多随地形而变化。

②规则式的水体：人工塑造成的几何形状的水面，如运河、水渠、池、水井等。

（3）按水流的状态可分为静态和动态 。

所谓静态水面是与动态相对而言，静态水景只是说明它本身没有声音、很平静。这些都是人的视觉、听觉的主观感觉。其实静态的水多数都是在动的，只是水的流动缓慢。如果水体完全静止，则将污浊不清，就难以成为优质的园林水景。动态的水景有流水、落水和喷水等几种，这些形态又可以演变出若干种不同的形式，特别是随着技术的发展，跌落的形式也在千变万化，在不同的场所可以营造不同的氛围，使人们产生不同的心理感受。如音乐喷泉广场，这样的环境带给人的是平缓和松弛的视觉享受，是比较适宜人的休闲空间。

2. 水的景观性

构成水景的成分不只是水。只有水，就不能构成水景，至少不能构成具有观赏价值的水景。除了水之外，参与构成水景的还有很多景观要素，如水边或水中的堤、岛、建筑物、构筑物、植物、动物（鱼、水禽）等。

（1）水色光影

园林水体空间中的光影有三种表现：一是水面的波光；二是景物在水面的倒影；三是波光的反射，这是水面独有的特性，光通过水的反射映在水边建筑的顶棚和墙面上，具有闪烁摇曳的装饰效果。（图4-35）

（2）堤岛与山石

用园林中的水来构成空间的下垫面，是园林空间构成的一种常见形式。而这种下垫面本身的构成，则常常需要通过堤、岛、礁石、园桥等的布置来加以引导和制约。水边的山，可以作为水面的背景景观，也可以作为倒影而直接加入水景的构成之中。山景在水景的创造中有时可起到举足轻重的作用。

例如杭州西湖，如果没有周围此起彼伏的低山作陪衬，其风景效果将大打折扣。（图 4-36、图 4-37）

图 4-35

图 4-36

图 4-37

图 4-38

图 4-39

图 4-40

图 4-41

又如桂林漓江风光的构成中，如果少了两岸绵延不绝的峰丛和平原孤峰，其水景就会很平淡、很普通。所以，山景也应该被纳入水景的构成要素中，作为水景向外借景的对象。（图 4-38、图 4-39）

（3）植物与动物

植物是园林的最基本要素，当然也是园林水景构成的基本要素。在园林中，常常还可以利用一些动物，来增加生态景观的分量。（图 4-40）

（4）建筑物与构筑物

水中或水边的建筑物与构筑物，如亭、廊、楼、榭、舫、桥、观景台、水坝等，都是水体造景的常

用要素。水中的亭桥、廊桥、石舫等，也都能够成为某一局部水区中的主景，与水面一起构成优美的水景。（图 4-41）

三、静水景观设计

静水特征是水的变化运动比较平缓，一般适合作较小的水面处理。如作大面积的静水切忌空而无物，松散而无神韵。此时静水形式应该曲折、丰富。（图 4-42）

静水的视觉形象有比较良好的倒影效果，水面上的物体由于倒影的作用，给人以诗意、轻盈、浮游和幻想的视觉感受。（图 4-43、图 4-44）

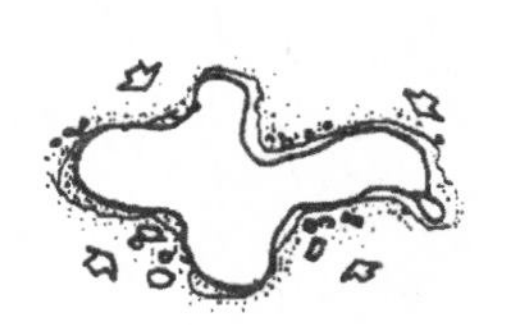

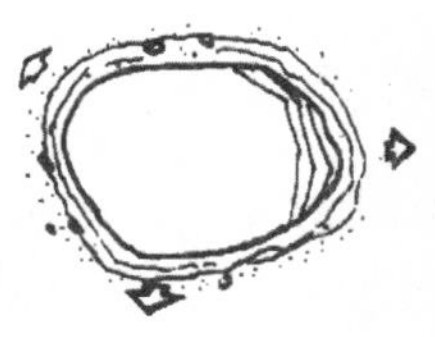

图 4-42　静水

图 4-43

图 4-44

四、流水景观设计

流水就是使环境富有个性与动感。有急缓、深浅之分；也有流量、流速、幅度大小之分，蜿蜒的小溪，淙淙的流水使环境更富有个性与动感。

五、落水景观设计

落水是指水源因蓄水和地形条件之影响而有落差溅潭。水由高处下落则有线落、布落、挂落、条落、多级跌落、层落、片落、云雨雾落、壁落。时而潺潺细语，幽然而落；时而奔腾磅礴，呼啸而下。（图 4-45 至图 4-52）

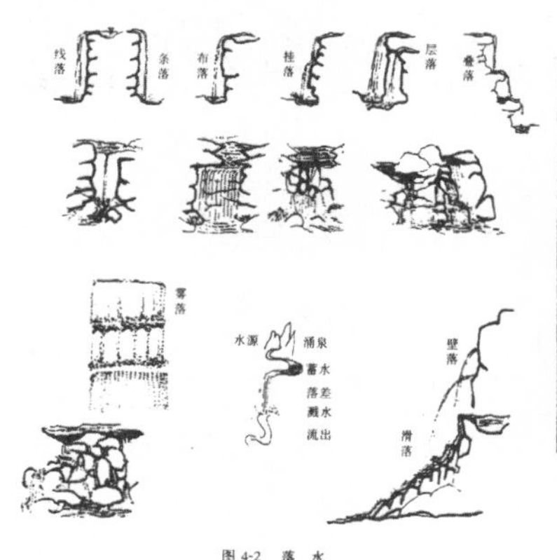

图 4-45

图 4-46　层落

图 4-47　多级跌落

图 4-48　条落

图 4-49　滑落

图 4-50　布落、挂落

图 4-51　多层跌落、层落

图 4-52

六、喷水景观设计

喷水是城市景观中运用最为广泛的人为景观。主要分为单流式、喷雾泉、充气泉、造型式喷泉等。

1. 单流式

这是一种最简单的喷泉，水通过单管喷入喷出。单管喷泉有相对清晰的水柱，可由几米到几十米，甚至可高达百余米。小型单股射流可设置于庭院或其他位置，设备简单，装设方便，在不大的范围内，形成较好的景观效果。（图 4-53）

2. 喷雾泉

利用特别的喷雾喷头，喷出雾状般水流，能以少量水喷洒到大范围空间内造成气雾蒙蒙的环境，当有灯光或阳光照射，可呈现彩虹当空舞的景象，对水的冷却、充氧加强及对空气的加湿、除尘作用特别明显。与其他喷水、彩灯配合造型，更能烘托出环境气氛。作为一种设计之美，可以用来表示安静的情绪。（图 4-54）

3. 充气泉

它的喷嘴孔径非常大，能产生湍流水花的效果，所以又叫涌喷。适合于放在景观中的突出景点上，这是由它的观赏特性所决定的。（图 4-55）

4. 造型式喷泉

在同一处较大的综合体喷泉中，同类型或不同类型喷嘴组合，多股壮观匹配组合。利用各种构筑物小品如墙体、池边、盆花等，形成一个多层次、多方位、多种水态的复合喷泉，表现丰富多彩的水景，耐人寻味。（图 4-56、图 4-57）

图 4-53

图 4-54

图 4-55

图 4-56

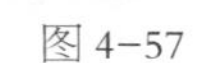

图 4-57

七、水景设计的基本原则

1. 体现自然，注重生态，满足功能性要求

在进行景观设计时，首先应当明确水体的基本功能，并结合其他功能需求进行空间环境设计，高效率地运用水，减少水资源消耗。水体的基本功能就是带给人美的感受，成为视线的焦点，提供人们观赏、戏水、

娱乐与健身的场所，所以设计首先要满足艺术美感，在设计中尽量采用多种手段，引用不同的水体类型如戏水池、喷泉、溪涧等，丰富景观空间的使用功能。

水体不仅具有审美价值，同样水体本身也具有调节小气候的功能，可以吸尘降噪净化空气，调节空气温度和湿度。特别是喷泉喷射的液滴小颗粒含有大量的负氧离子，人在其中可以感到心情放松，空气清新、宜人。在现代小区景观环境中，特别是在北方浮尘物多，空气的湿度不够，而大面积的水体设计可以有效地调节环境湿度和温度，改善小区小气候的生态环境，稳定小区环境气温。

2. 环境的整体性要求

在环境景观设计中，水景设计要充分体现水的艺术功能和观赏特性，并与整个景观相协调统一。因而在设计中，水景设计要想达到预期的景观效果，首先要研究环境因素与地理条件，从而确定水体的类型，在平面设计上要使水的形态美观、平衡、均称，做到既有利于造景又有利于水的维护，体现水的变化性。因地制宜，量力而行，自成特色，不可千篇一律，实现与环境相协调。形成和谐的构图关系，使空间层次丰富和谐。并应设计、核定好日后的运营、维护、保洁、净化以及投入成本等问题，以免带来后患，弄巧成拙。

图 4-58

3. 水景设计的尺度应适宜、和谐统一

一个设计成功的水景应有宜人的尺度，这个尺度必须体现出对人的尊重，充分考虑人的行为特性，应该结合人体工程学等相关学科知识，参考人体基本尺度、静态和动态空间尺度和心理效应等方面的因素。水体在景观设计中不是独立存在的，它需借助其他载体，才能更好地满足人们对景观设计的需求。水体的形态和大小尺度应与山石、桥、水生植物、雕塑小品和灯光的元素相结合，彼此协调统一，构成景观空间。（图 4-58）

4. 水景设计的安全性

在日常生活中，水可以满足我们对它的依赖性，相反水的破坏力是非常惊人的。因此在进行水景设计时，首先要明确水景的功能，考虑水体的安全性。水体一般以观赏、嬉水、为水生植物和动物提供生存环境的形式出现的。在水泵的设计中要考虑人与水的亲近关系，适宜的水深度才能形成和谐的生存环境。一般嬉水型的水景，多会吸引人们的参与性。如果这类型的水过深，有可能导致儿童溺水而发生危险。如果水的深度过浅，反而又会降低水体自身的净污能力，使水质恶化，破坏生态环境。所以在设计水景时，要充分考虑以上情况，对特定的水景观设置相应的防护措施。可通过设置护栏、地面防滑处理、水岸边沿加宽坡度等措施，既保护了人们使用的安全性又保证了水质的净化。

在景观设计中，恰当的水元素运用，能使整个景观更加生动，富有灵气。“景因水而活”，说明了水在景观中起了重要作用。但是，水景是否能够充分体现出设计者的想法，是否真正起到美化人们的生活环境，要求设计者有丰富的知识，考虑多方面的因素，才能在设计中达到传统的“天人合一”的境界，表达出景观中的独特意境。因此，景观中水元素的使用，不仅要继承传统文化中水的意蕴，而且也要勇于探索，革新设计形式，把握不同的水文化特点，更好地为景观设计服务。

第四节 建筑

园林建筑是建造在园林和城市绿化地段内供人们游憩或观赏用的建筑物。园林景观建筑的具有整体性、科学性、艺术性、文化性、休闲性等特点。园林建筑作为园林景观的重要组成元素之一，不仅具有点缀衬托风景的作用，同时在园林中起到休闲活动、游览娱乐及生活服务等各个方面的作用。园林景观建筑设计的效果在很大程度上会影响到整个园林的景观效果。随着人们生活水平的提高和社会的进步，对园林景观建筑的美学与艺术效果有了更高的要求。（图 4-59）

图 4–59

一、园林景观建筑的作用

1. 广泛的公用价值

园林景观建筑是中国园林不可缺少的组成部分，具有广泛的公用价值，满足人们生活活动与感官愉悦。园林建筑是为了满足人们的休憩及各种游览活动而设置的，一方面是点景和游息类的亭、榭，可供人们观赏，同时赏景是其最好的功能，而且还可以按需要结合其他功能，如水榭可兼做游船码头，亭可做小卖亭、茶水亭等。

2. 功能

园林景观建筑常配合园内风景布局形成游览路线的起、承、转、合，而沿着这条游览路线，在人们视线所达到之处，园林建筑往往以它有利的位置和独特的造型，为人们展现出一幅幅或动或静的自然风景图画。在以建筑为主的内部空间，常以廊、墙、路、栏杆等组合成一条内部活动路线，这时建筑明显表现出它的观赏与被观赏的双重性。这就是说园林建筑所提供的空间要适合游人在或动或静中观景，并要力求使观赏到的景色富于变化。达到步移景异的效果，使游人在有限的空间中有景物变幻莫测的感受。

园林景观建筑具有的功能包括：

（1）造景：园林建筑本身就是被观赏的景观或景观的一部分，造景是园林建筑重要的景观要素，其内容十分丰富，类型极为多样，形式千姿百态，是人们周边环境价值的集中体现。

（2）点景：建筑与山、水、植物相互点缀，形成一幅风景如画的场面。园林建筑作为园林空间的点缀，虽小，倘能匠心独运，有点睛之妙 。

（3）观景：以建筑物为平台观赏周围的景观。为游览者提供了一个坐憩的环境 ，既丰富了山的轮廓，也使得山更加生气，同时也为人们观山景提供了一个合适的场所。

（4）提供休息场所。

（5）限定空间：通过建筑的围合形成一系列的空间。

3. 体现园林意境

园林景观建筑常成为园林景观的构图中心主体，或易于近观的局部小景或成为主景，体现出园林设计的美妙意境，在园林景观构图中常有画龙点睛的作用。

二、园林景观建筑设计的基本原则

1. 整体性

园林景观建筑的设计要与周围环境和文化氛围相协调，并在视觉上融为一体。园林景观建筑的设计涉及科学、艺术、社会及经济等诸多方面的问题，它们密不可分，相辅相成。只有联合多学科共同研究、分工协作，才能保证一个景观整体生态系统的和谐与稳定，创造出具有合理的使用功能、良好的生态效益和经济效益的高质量的景观。

2. 文化性

园林景观建筑不单纯是房子，它还是一个园林形态和文化内涵的载体，承载着某一区域的文化品位与特色。园林景观建筑在设计上要充分挖掘当地文化内涵，深入研究区域文化体系，从而设计出具有代表性的园林景观建筑。

3. 自然性

园林景观建筑的设计要审慎周密地考察、了解自然环境，尊重与顺应自然环境，因地制宜，有节制地利用和改造自然，创造良好的自然化与人性化园林观景环境。设计者不仅是要创造，更需要充分考虑自然环境、社会文化等方面因素。充分利用场地的特性，接受自然的介入，将自然的演替纳入景观体系之中，达到天人合一的至善境界。（图 4-60）

图 4-60

三、园林景观建筑设计的方法与技巧

1. 园林建筑的立意

立意——是园林设计总意图的创作和设计师造园思想的表现。

（1）主观立意：强调“以人为本”的原则，满足人的需要，突出人的价值观。

（2）客观立意：环境与思想的有机结合，充分利用所在地带的资源环境，设计作品与周围环境相协调。

（3）立意的方法：主要可以归纳为从“功能需求”出发立意；从“实用价值”出发立意；从“经济条件”出发立意；从“历史文化”出发立意；从“地方风情”出发立意。

2. 园林建筑的布局

园林建筑布局上要因地制宜，巧于因借，建筑规划选址除考虑功能要求外，要善于利用地形，结合自然环境，与自然融为一体。其主要布局形式包括：由独立的建筑物和环境结合，形成开放性空间；由建筑组群自由组合的开放性空间；由建筑物围合而成的庭院空间；混合式的空间组合。

园林景观建筑设计，为了避免单调并获得空间的变化，常常采用组织空间的渗透与层次。处理好空间渗透与层次可以收到突破有限空间的局限，取得大中见小或小中见大的变化效果，从而得以增强艺术的感染力，在园林建筑的空间处理上，尽量避免轴线对称，整形布局，力求曲折变化，参差错落，空间布置要灵活，通过空间划分，形成大小空间的对比，增加层次感，扩大空间感。主要有相邻空间的渗透与层次和室内室外的渗透与层次两种方式。采取的手法主要有对景、框景，利用空廊及建筑空间穿插、错落彼此渗透，增添空间层次。

园林建筑布局原则一般总结为五点：巧于立意，因地制宜；主次分明，因需而设；突出特色，融于自然；巧妙连接，有机结合；综合考虑，全面安排。

（1）由独立的建筑物和环境组合，形成开放性空间

独立的建筑物形成开放性空间。此类建筑物平面布局比其他形式的建筑物简单，但由于“少而精”，造型要求极高，所以切不可滥用平淡的独立建筑物，否则会成“画蛇添足”。（图 4-61）

（2）由建筑物自由组合的开放性空间

建筑物自由组合的开放性空间。此类自由组合必须体现明确的秩序感，合理搭配，确立主次分明，切忌杂乱无章、喧宾夺主，排除偶尔性和随意性。（图 4-62）

（3）由建筑物围合而成的庭院空间

建筑物围合而成的庭院空间。此类是多种建筑组织在一起形成的建筑群。（图 4-63）

图 4–61

图 4–62

图 4–63

（4）混合式的空间组合

（5）天井式的空间组合

内聚性更加强烈的小天井，利用明亮与晦暗形成光影对比。（图 4-64、图 4-65）

3. 园林建筑的选址

园林建筑设计是创造一种和大自然相谐调并具有典型景效的空间塑造。因此，园林景观建筑若选址不当，不仅不利于园林艺术意境的创造，同时会削弱整个园林景观的效果。园林建筑的选址在环境条件上既要注意大的方面，同时也要注意细微因素。要善于发掘有趣味的自然景物，如一树、一石、清泉溪涧。园林景观建筑应结合情景，抒发情趣，尤其在古典园林建筑中，常与诗画结合，加强感染力，达到情景交融的境界。傍山的建筑要借地势错落有致，并借山林为衬托颇具天然风采。而湖沼地临水建筑有波光倒影，视野平远开阔，画面层次亦会使人感到丰富多彩且具动态。

图 4–64

图 4–65

选址对园林建筑十分重要，如果一个平庸的建筑放在一个美如仙境的树林中，一定会比放在一处光溜溜的平地上显眼，相反，如果一座园林建筑物若选址不当，不但不利于艺术意境的创造，且会因减低观赏价值而削弱景观的效果。

（1）园林建筑选址的一般规则

①规则式园林一般选址在平原地段和坡地上；

②自然式园林一般是山林、湖泊、平原三者兼备。

（2）选址的注意要点

①遵循“因地制宜”的原则，提倡“自成天然之趣，不烦人事之劳”。

②注意细微的东西。珍视一切饶有兴趣的自然景观。一奇树，一美石，一清泉，甚至一个古迹的传奇。

③了解相关的地理因素。注重当地的气候、土壤、水分、风向等。

4. 对比

对比是园林景观达到多样统一、取得生动协调效果的重要手段，是园林建筑布局中提高艺术效果的重要设计方法。园林景观建筑与周围环境的对比是把两种有显著差别的因素通过互相衬托突出各自的特点，同时要强调主从和重点的关系，可以使得不同风格的景色相得益彰。对比在运用中要注意主从配置得当，防止滥用而破坏园林空间的完整性和统一性。（图 4-66 至图 4-68）

图 4-66　形状对比：白塔与其前的广寒殿在体量、体形、色彩、质感上都采用极其强烈的对比手法，造型比例、位置高低、前后距离、线性轮廓都处理得异常精妙，取得了十分动人的艺术效果

图 4-67　明暗虚实对比：利用明暗、虚实对比关系，形成倒影、动态效果，创作各种艺术意境

图 4-68　体量对比

5. 色彩与质感

色彩与质感是建筑材料表现上的双重属性，两者相辅共存。园林景观建筑设计中要善于去发现各种材料在色彩、质感上的特点，并利用它去组织节奏、韵律、对比、均衡、层次等各种构图变化，可以有效提高园林建筑的艺术效果。园林建筑风格的主要特征更多表现在形和色上，随着现代建筑新材料、新技术的运用，建筑风格更趋于多姿多彩、简洁明丽、富于表现力。作为空间环境设计，园林景观建筑对色彩、质感的设计除考虑建筑本身外，各种自然景物相互之间的协调关系也必须同时进行推敲，一定要立足于空间整体的艺术质量和效果，通过对比或微差取得协调，突出重点，以提高艺术表现力。同时，要格外注意视线距离的因素影响。

不同的材料、不同的作法形成色彩、光泽质感等方面的对比，以取得变化和突出重点是建筑设计的重要处理手法。

色彩与质感的设计方法主要可以归纳为：

（1）作为空间环境设计，园林建筑对色彩与质感的处理除建筑物外，各种自然景物相互之间的谐调关系也必须同时进行推敲，一定要立足于空间整体的艺术质量和效果。

（2）处理色彩与质感的方法，主要通过对比或微差取得谐调，突出重点，以提高艺术表现力。

（3）考虑色彩与质感的时候，视线距离的影响因素应予以注意。它决定选用材料的品种和分格线条的宽窄和深度。

四、景观建筑分析

园林景观建筑在造型上更重视美观的要求，建筑体型、轮廓要有表现力，增加园林画面美，建筑体量、体态都应与园林景观协调统一，造型要表现园林特色、环境特色、地方特色。一般而言，在造型上，体量宜轻盈，形式宜活泼，力求简洁明快，通透有度，达到功能与景观的有机统一。在细节装饰上，应有精巧的装饰，增加本身的美观，又以之用来组织空间画面。如常用的挂落、栏杆、漏窗、花格等。

园林景观建筑不同于其他建筑类型，既要满足一定的功能要求，又要求艺术性、观赏性强，要满足游客在动中观景的需要，同时又要重视对室外空间的组织和利用，使室内外空间和谐统一。园林景观建筑在设计上灵活多变，有强烈的个性符号和独特外形特征。设计者在设计方法和技巧上要追求创造性，科学利用和改造绿化、水源、山石、地形、气候等环境条件，从总体空间布局到建筑细部处理细细推敲，实现园林景观建筑因境而成、得意随形的境界。

1. 花架

花架的运用特点是具有灵活多变的造型，在运用上同时兼具亭、廊、榭三类园林建筑的特点。花架与攀援植物的结合正符合现代人回归自然的思潮。

（1）花架的定义

花架是园林中支撑藤本植物的工程设施物，具有廊的某些功能，并更接近自然，融于园林环境中。

与花架相匹配的植物主要为紫藤、葡萄、蔷薇、络石、常春藤、凌霄、木香等。

（2）花架的位置选择

植物对花架造型的影响较大，因而花架不适合做建筑环境中的主景或是在景观功能上起控制作用的主体景物。

花架也常依附建筑进行布置，跳檐式花架常用来代替建筑周围的檐廊 。

（3）花架的功能

①休息赏景；

②组织和划分空间；

③展示花卉和点缀环境；

④框景、障景；

⑤增加景深、层次。

（4）花架的类型

①花架按平面形状分，有点状、条状、圆形、转角形、弧形、复柱形等。

②花架按组成的材料分，有竹、木、钢筋混凝土、砖石柱、型钢梁架等多种类别。（图 4-69 至图 4-71）

③花架按垂直支撑分，有立柱式、复柱式、花墙式等。

（5）花架的体量尺度

①花架的高度控制在 2500 ～ 2800mm，使其具有亲切感，常用的尺寸为 2300mm、2500mm、2700mm。

②多立柱花架的开间，一般为 3000 ～ 4000mm。进深根据梁架下的功能特点确定，以作座椅休息为主，则进深为 2000 ～ 3000mm，以流量的行人通道用为主，则进深跨度在 3000 ～ 4000mm。（图 4-72）

图 4-69　木质花架

图 4-70　混凝土花架

图 4-71　钢网结构花架

图 4-72　廊式花架

（6）设计时应注意的问题

①综合考虑所在公园的气候、地域条件、植物特性以及花架在园林中的功能作用等因素。

②应注意比例尺寸，花架体型不宜太大，太大了不易做得轻巧，太高了不易遮阴而且空旷，尽量接近自然。花架的柱高不能低于 2m，也不要高出 3m，廊宽也要在 2 ～ 3m 之间。

③花架的四周，一般都较为通透开畅，除了作支撑的墙、柱，没有围墙的门窗。花架的上下两个平面，也并不一定要对称和相似，可以自由伸缩交叉，相互引申，使花架置身于园林之内，融汇于自然之中，不受阻隔。

④最后也是最主要的一点，是要根据攀援植物的特点、环境来构思花架的形体；根据攀援植物的生物学特性，来设计花架的构造、材料等。

葡萄架葡萄浆果有许多耐人深思的寓言、童话，似可作为构思参考。种植葡萄，要求有充分的通风、光照条件，还要翻藤修剪，因此要考虑合理的种植间距。

图 4-73　汉口江滩公园花架廊

图 4-74　汉口江滩公园花架

图 4-75　汉口江滩公园钢质棚架

图 4-76　厦门园博园花架长廊

对于茎干草质的攀援植物，如葫芦、茑萝、牵牛等，往往要借助于牵绳而上，因此，种植池要近；在花架柱梁板之间也要有支撑、固定，方可爬满全棚。（图 4-73 至图 7-76）

2. 廊

屋檐下的过道及其延伸成独立的有顶的过道称廊，建造于园林中的称为园廊。

（1）廊的类型

从横剖面的形状看，廊可以分为四种类型：双面空廊（两边通透）、单面空廊、复廊（在双面空廊的中间加一道墙）、双层廊（上下两层）。

从整体造型及所处位置来看又可以分为：直廊、曲廊、回廊、爬山廊和桥廊等。

双面空廊：两侧均为列柱，没有实墙，在廊中可以观赏两面景色。双面空廊不论直廊、曲廊、回廊、抄手廊等都可采用，不论在风景层次深远的大空间中，或在曲折灵巧的小空间中都可运用。

单面空廊：一种是在双面空廊的一侧列柱间砌上实墙或半实墙而成的；另一种是一侧完全贴在墙或建筑物边沿上。单面空廊的廊顶有时作成单坡形，以利排水。（图 4-77 至图 4-85）

图 4-77　长廊：北京颐和园内的长廊，就是双面空廊，全长 728 米，北依万寿山，南临昆明湖，穿花透树，把万寿山前十几组建筑群联系起来，对丰富园林景色起着突出的作用

图 4-78　复廊：中间为墙，墙的两边设廊，墙上开设漏窗，人行两边，通过漏窗可以看到隔墙之景，这就是园林的空间艺术了

图 4-81　曲廊：依墙又离墙，因而在廊与墙之间组成各式小院，空间交错，穿插流动，曲折有法或在其间栽花置石，或略添小景而成曲廊

图 4-80　直廊

图 4-79　双层廊：上下两层的廊，又称“楼廊”。它为游人提供了在上下两层不同高程的廊中观赏景色的条件，也便于联系不同标高的建筑物或风景点以组织人流，可以丰富园林建筑的空间构图

图 4–82　回廊：①在建筑物门斗、大厅内设置在二层或二层以上的回形走廊
②曲折环绕的走廊

图 4–83　桥廊：桥廊是在桥上布置亭子，既有桥梁的交通作用，又具有廊的休息功能

图 4–84（1）　爬山廊
廊顺地势起伏蜿蜒曲折，犹如伏地游龙而成爬山廊，常见的有跌落爬山廊和竖曲线爬山廊

图 4–84（2）　爬山廊都建于山际，不仅可以使山坡上下的建筑之间有所联系，而且廊子随地形有高低起伏变化，使得园景丰富

图 4–85　曲廊一部分依墙而建，其他部分转折向外，组成墙与廊之间不同大小、不同形状的小院落，其中栽花木叠山石，为园林增添无数空间层次多变的优美景色

（2）廊的作用

廊的运用在江南园林中十分突出，它不仅是联系建筑的重要组成部分，而且是划分空间，组成一个个景区的重要手段，廊子又是组成园林动观与静观的重要手法。

①引导人流，引导视线，连接景观节点；

②廊与景墙、花墙相结合增加了观赏价值和文化内涵；

③个体建筑联系室内外，各个建筑之间的联系通道，成为园林内游览路线的组成部分；

④遮阴蔽雨、休息、交通联系；

⑤组织景观、分隔空间、增加风景层次。

（3）廊的结构设计

①木结构：有利于发扬江南传统的园林建筑风格，形体玲珑小巧，视线通透。

②钢结构：钢的或钢与木结合构成的画廊也是很多见的，轻巧、灵活、机动性强。

③钢筋混凝土结构：多为平顶与小坡顶。

④竹结构。

（4）廊的尺度

廊的形式以玲珑轻巧为上，尺度不宜过大，一般净宽 1.2 米至 1.5 米左右，柱距 3 米以上，柱径 15 厘米左右，柱高 2.5 米左右。沿墙走廊的屋顶多采用单面坡式，其他廊子的屋面形式多采用两坡顶。

3. 雕塑小品

（1）景观雕塑

又称环境雕塑，泛指公共绿地环境中的雕塑作品，属于公共艺术。景观雕塑是环境景观设计的重要手法之一。古今中外许多著名的环境景观都是采用景观雕塑设计手法。有许多环境景观主体就是景观雕塑，并用景观雕塑来定名这个环境。景观雕塑在环境景观设计中起着特殊而积极的作用。世界上许多优秀的景观雕塑成为城市标志和象征的载体。（图 4-86）

图 4-86

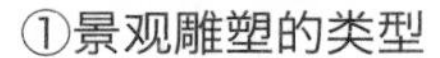

①景观雕塑的类型

以艺术手法分类：具象雕塑、抽象雕塑。

②以实体形式分类：圆雕、浮雕、透雕

a. 圆雕

圆雕又称立体雕，是艺术在雕件上的整体表现，观赏者可以从不同角度看到物体的各个侧面。它要求雕刻者从前、后、左、右、上、中、下全方位进行雕刻。

它是石雕中最基本的技法。

圆雕作品极富立体感，生动、逼真、传神 ，在表现内容上，也由独立的个体发展到人物、动物和山水等相结合的大型群雕。

b. 浮雕

是在平面上雕刻出凹凸起伏形象的一种雕塑，是一种介于圆雕和绘画之间的艺术表现形式。

它与圆雕最大的区别是，浮雕只从前方位表现物像的“半立体感”，后方位或贴在石料上，或根据石料层情况简略雕刻。

要凸起物像，自然要铲去非物像的部分，如果铲去非物像部分的深度浅，那凸起的物像就也浅，这样的雕作就称为浅浮雕，反之则称为高浮雕。高浮雕比较接近圆雕。

c. 透雕

在浮雕作品中，保留凸出的物像部分，而将背景部分进行局部或全部镂空，称为透雕。

透雕多以插屏的形式来表现。有单面透雕和双面透雕之分。单面透雕只刻正面，双面透雕则将正、背两面的物像都刻出来。

一般有边框的称“镂空花板”。透雕则是浮雕技法的延伸。

③根据景观雕塑的作用不同分类：纪念性、主题性、装饰性、陈列性雕塑

a. 纪念性景观雕塑

以雕塑为主，以雕塑的形式来纪念人与事。纪念性景观雕塑最重要的特点是它在环境景观中处于中心或主导位置，起到控制和统帅全部环境的作用。

所有环境要素和总平面设计都要服从雕塑的总立意。

b. 主题性景观雕塑

主题性景观雕塑是指通过主题性景观雕塑在特定环境中揭示某些主题；主题性景观雕塑同环境有机结合，可以充分发挥景观雕塑和环境的特殊作用。这样可以弥补一般环境缺乏表意的功能，因为一般环境无

法或不易具体表达某些思想。主题性景观雕塑最重要的是雕塑选题要贴切。一般采用写实手法。

c. 装饰性景观雕塑

城市雕塑作品中占了大多数的是装饰性的作品。这类作品并不刻意要求有特定的主题和内容，主要发挥着装饰和美化环境的效应。

装饰性的城市雕塑，题材内容可以广泛构思，情调可以轻松活泼，风格可以自由多样。它们的尺度可大可小，大部分都从属于环境和建筑，成为整体环境中的点缀和亮点。

d. 展览陈设性的城市雕塑

这种在室外布置雕塑的方法与一般城市雕塑所要求的原则不同，而是把各类雕塑作品如同展览陈设那样布置起来，让公众集中观赏多种多样的优秀雕塑作品。也有的是全部为一位作者的作品，围绕一个专题，经严格的总体设计构成的。

④根据所在的环境区域不同分类

a. 广场景观雕塑

作为一个区域或城市的标志性构筑物，常常布置在行政、文化和商业区的密集中心，应具有丰富的内涵和较强的视觉冲击力，既要与周边环境相融合，也要起到引领广场视觉中心的作用，还要表现一定的主题。

广场景观雕塑主要以城市标志性为表现形式，有的表现运动形象，有的展示现代社会风貌，有的以弘扬历史文化为主等。

b. 建筑景观雕塑

是指存在于公共建筑室内外，起到装饰建筑环境、树立建筑形象和提升文化内涵作用的雕塑作品。

设计时不但要考虑雕塑在建筑空间中的美观性，同时还要考虑建筑本身的功能，起到一定的标识作用。

通过景观雕塑材料、结构、造型的变化丰富建筑空间，通过借助有效的设计手法，使公众产生联想，在识别地区特殊属性的同时又体验到一种空间的情趣。

c. 园林景观雕塑

是指安放在各类园林、公园、绿地中，起到点缀空间环境、营造人文气息作用的景观雕塑。

构思新颖、形式多样的景观雕塑能传递信息，引起人们的思考和拓宽人民的知识面；形式生动、富有趣味性的雕塑，比较符合儿童的心理，并寓教于乐。

设计时应该把周围的树木、花草、水面、园路以及亭廊等多种要素巧妙结合起来，形成新的景观环境，使人们休憩时得到情感的陶冶和心理的愉悦。

d. 居住景观雕塑

是指在居民小区内设置的景观雕塑作品。

居民小区庭院是居民休息和生活活动的重要场所，居住景观雕塑在满足人们的休闲放松心理的同时，其主题和形式要力求柔和、亲切，贴近人们的生活。

居住区庭院空间相对狭小，雕塑体量、尺度要与人的可视尺度相近，避免过分仰视。要结合当地的传统与历史，尊重人文情趣，对提高人们的审美能力有一定引导作用。

e. 街头景观雕塑

街头景观雕塑是一种在街道上自由设置的雕塑。这些雕塑大多没有台座，自然地安放在街道上，让参观者感到亲切自然。

设计要符合交通要求，不能对交通视线产生阻挡，影响交通秩序。

其造型、体量、色彩要与街头环境相协调，因城市的不同，街头环境和历史人文风情各异，经常以写实的手法再现当时的人文背景。题材要轻松，主要反映当地的历史风情。

f. 水域景观雕塑

是指在水域环境中放置的雕塑作品。在城市空间环境中，把水景与雕塑相结合，利用景观雕塑组织水域，创造出许多美丽的水景景观。

在夜晚，如果水景与音乐、灯光、雕塑能够合理地结合起来，便可形成美丽的夜景景观。

（2）景观雕塑的设计要点

①景观雕塑的基座

景观雕塑的基座设计与景观雕塑一样重要，因为基座设计既与地面环境发生连接，又与景观雕塑本身发生联系。

一个好的基座设计可增添景观雕塑的表现效果，也可以使景观雕塑与地面环境和周围环境产生协调因素。基座设计有四种基本类：碑式、座式、台式和平式。

a. 碑式

大多数是指基座的高度超过雕塑的高度，以建筑要素为主体，基座设计几乎就是一个完整纪念物主体，而雕塑只是起点题的作用，碑的设计就成为重点内容。

例如，哈尔滨防汛胜利纪念碑就是采用圆弧槽线的西洋古典柱身的造型，用环形青铜束腰的过渡处理，使上部立雕与下部浮雕取得统一的效果。（图 4-87）

b. 座式

是指景观雕塑本身在与基座的高度比例基本采用与 1 ∶ 1 的相近关系。这种比例是景观雕塑古典时期的主要样式之一。

这种比例能使景观雕塑艺术形象表现得充分、得体。

座式基座过去多用古典式样。中国古典的基座采用须弥座，各部的比例以及构成非常严密和庄重。

现代景观雕塑的基座应处理得更为简洁，以适应现代环境设计特征和建筑人文环境特征。

图 4-87

图 4-88　运用台式实例还有哥本哈根的安徒生雕塑，安置于街道的绿荫之中。

c. 台式

这是指雕塑的高度与基座的高度的比例在 1∶ 0.5 以下，呈现扁平结构的基座。这种基座的艺术效果是近人的、亲近的。（图 4-88）

d. 平式

平式基座主要是指没有基座处理的，不显露的基座形式。它一般安置在广场、草坪或水面之上，显得比较自由、平易，易与环境融合。

景观雕塑基座的设计虽然归纳为以上四类，但实际设计实践中应灵活运用。

②平面设计

景观雕塑的平面设计有几种基本类型：

a. 中心式

景观雕塑处于环境中央位置，具有全方位的观察视角，在平面设计时注意人流特点。

b. 丁字式

景观雕塑在环境一端，有明显的方向性，视角为 180 度，气势宏伟、庄重。

c. 通过式

景观雕塑处于人流线路一侧，虽然有 180 度观察视角方位，但不如丁字式显得庄重，比较合适于小型装饰性景观雕塑的布置。

d. 对位式

景观雕塑从属于环境的空间组合需要，并运用环境平面形状的轴线控制景观雕塑的平面布置，一般采用对称结构，这种布置方式比较严谨，多用于纪念性环境。

e. 自由式

景观雕塑处于不规则环境，一般采用自由式的布置形式。

f. 综合式

景观雕塑处于较为复杂的环境结构之中，环境平面、高差变化较大时，可采用多样的组合布置方式。

在环境平面时的布置还涉及道路、水体、绿化、旗杆、栏杆、照明以及休息等环境设计。

（3）雕塑与现代景观设计

①现代雕塑的发展

由具象走向抽象、由基座走向室外场地、扩大了尺度、使用自然的材料。

②雕塑与场地设计的结合

大地艺术（Land Art/Earthworks）——雕塑与景观的结合。（图 4-89、图 4-90）

③雕塑结合景观的设计

大尺度的雕塑作品：在装饰环境的同时，参与了城市空间的创作，起到了控制城市局部区域环境景观的作用。（图 4-91、图 4-92）

图 4-89

图 4-90

图 4-91

图 4-92

4. 园桥

（1）园桥的功能

①联系两岸或水面交通；

②引导游览路线；

③点缀水面景色；

④划分和组织水景空间；

⑤增加风景层次等作用。

（2）桥位的选择

①桥位应与园林道路系统配合，联系游览路线与观景点，方便交通。

②注意景观要求，水面的分隔或聚合与水体面积大小密切相关。

考虑景观要求，水面大的应选窄处架桥，水面小的要注意水面分割，使水体分而不断，使环境空间增加层次，有扩大空间的效果。

③注意水路通航与桥上的通行。

根据交通情况的要求，如桥上是否通车、桥下是否通航、载重能力和净空高度，并与环境造景统一效果等，选择合适的形式与结构。

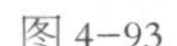

图 4-93

图 4-94

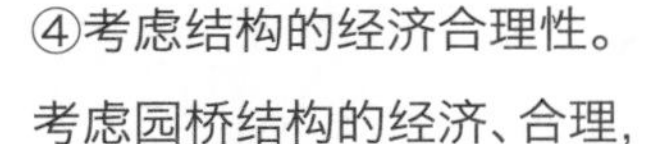

④考虑结构的经济合理性。

考虑园桥结构的经济、合理，根据水体的宽窄、水位的深浅、水流大小与地质基础条件考虑。（图 4-93、图 4-94）

（3）园林桥的类型及应用

①汀步

又称河步、跳墩子，虽然这是最原始的过水形式，早被新技术所代替，但在园林中尚可应用发挥有情趣的跨水小景，使人走在汀步上，有脚下清流游鱼可数的近水亲切感。

图 4-95

图 4-96

图 4-97

汀步最适合浅滩小溪、跨度不大的水面。也可结合滚水坝体设置过坝的汀步，但要注意安全。（图 4-95 至图 4-97）

汀步形式有以下几种：

a. 自然式

用天然石材自然式布置。设在自然石矶或假山石驳岸，最容易取得协调效果，又是最简便的步行过水形式。

b. 整形式

有圆形、方形，或塑造荷叶等水生植物造型，可用石材雕凿或耐水材料砌塑而成。

汀步应用：浅滩、小溪、草坪。

过水用汀步为了安全，间距不可过大，高度能出水面即可，不宜过高；表面应平整、防滑；基础也要求稳固。要注意到北方冬季冻结时的景观效果，限于行人量不大的通路使用。

②梁桥

跨水以梁、独木桥是最原始的架桥。对园林中小河、溪流宽度不大的水面仍可使用。架桥平坦便于行走与通车。下面如有通船要求，还可采取将桥台筑高的办法解决。（图 4-98、图 4-99）

梁桥的分类：

a. 按平面划分：单跨平桥；多跨平桥，如曲折平桥。

b. 按材料分：木架桥、石梁桥和钢筋混凝土梁桥。

木架桥

由简单独木桥到木板桥，有结构简单、施工方便、就地取材等优点，只是易腐蛀、不耐久。为了耐久，有用钢筋水泥塑制仿木桥。

石梁桥

选用天然石林凿成梁、柱，在跨度不大的桥孔条件下既经济方便又有天然的质感。

过去我国苏州园林中广为采用，也有略将梁中部提高一些的做法能增加梁的受力能力，又能在造型上取得优美曲线。（图 4-100、图 4-101）

图 4-98

图 4-99

图 4-100

图 4-101

钢筋混凝土梁桥

混凝土是人工石料，可以随心所欲塑造形纹。因此可以仿做天然木材、石料，也可塑制带皮木纹或分子的造型。内加钢筋可大大提高梁的承载性能。

为了提高力学性能及艺术效果选用合理的剖面形式，如广州兰圃钢筋混凝土制的小平拱桥，为了外观轻巧将边做薄，而中部做厚以提高梁的厚度。

园林中的桥不只考虑交通效率，还有观景效果的要求。为了增加水面游览展开视野角度和视线的变化，园林中还有特有的折曲桥。

折桥一般多做成钝角折曲，也有做成直角的，适合小水面设置，可增加延长水上观览水景路程的效果。

在大些水面也用折桥通往水中建筑或小岛的做法，一般适宜交通量不大的桥。（图 4-102）

③拱桥

拱券是人用小块石材建造大跨度工程的创造，在我国很早就有拱券的利用。

图 4−102

图 4−103

河北省赵县著名的安济桥建于1000 多年前的隋朝。主圆拱跨度32m 多，拱上叠砌四个小拱，不但省料、减轻自重，同时在洪水期可以增加流量，减少阻力，造型十分优美，为我国桥梁史上的伟大杰作。

拱桥的形式多样，有单拱、三拱到连续多拱，方便园林不同环境的要求而选用。（图 4-103）

④浮桥

浮桥是在较宽水面通行的简单和临时性办法。它可以免去做桥墩基础等工程措施，它只用船或浮筒替代桥墩上架梁板用绳索拉固就成通行的浮桥。（图 4-104）

⑤吊桥

在急流深涧、高山峡谷，桥下不便建墩的条件，如我国西南地区最宜建吊桥。

近代科学技术的发展和新的高强耐拉材料的生产，使吊桥有可能创造以前无法建造的大跨度，轻巧的悬索吊桥随着我国科技发展，今后必将出现更多的具有优美曲线、轻巧的吊桥。（图 4-105）

⑥亭桥与廊桥

这类具有交通作用又有游憩功能与造景效果的桥，很适合园林要求。

如北京颐和园西堤上建有的风桥、镜桥、练桥、柳桥等事桥。这些桥在长堤游览线上起着点景休息作用，在远观上打破长堤水平线构图，有对比造景、分割水面层次的作用。扬州瘦西湖上的五亭桥是瘦西湖长轴上的主景建筑。（图 4-106）

图 4−104

图 4−105

图 4−106

（4）设计要点

①桥的选型、体量应与园林环境、水体大小协调

大型水面空间开阔为突出水景效果，常取多孔拱桥，以使桥的体量与水体相称。如北京颐和园的十七孔桥。

小水面，常以单跨平桥或折桥，使人能接近水面。如南京瞻园小曲桥。

平静小水面及小溪流，常设贴近水面的小桥，或汀步过水，使人接近水面，远观也不使空间割断。

②桥的栏杆是丰富桥体造型的重要因素

栏杆的高度既要合于安全需要，也要与桥体大小宽度相协调。如苏州园林小桥一般只设低的坐凳栏杆，其造型很简洁。

甚至有些小桥只设单面栏杆或不设栏杆以突出桥的轻快造型。

③桥与岸相接处，要处理得当以免生硬呆板

常以灯具、雕塑、山石、花木丰富桥体与岸壁的衔接，桥头装饰有显示桥位、增加安全的作用，因此这些装饰物兼有引导交通的作用，绝不可阻碍交通。

④充分考虑桥上与桥下的交通要求

桥体尺度除应考虑水体大小、道路宽度及造景效果外，还要满足功能上通车、行船的高度、坡度要求；为满足人流集散与停留观景等要求，常设置桥廊及桥头小广场。

图 4-107

5. 亭（图 4-107）

（1）亭的选材

亭以选用材料来分可以分为：木亭、石亭、砖亭、茅亭、竹亭、铜亭。

（2）位置选择

建亭地方，要从两方面考虑，一是由内向外好看，二是由外向内也好看。园亭要建在风景好的地方，使入内歇足休息的人有景可赏，留得住人，同时更要考虑建亭后成为一处园林美景，园亭在这里往往可以起到画龙点睛的作用。

园亭，是指园林绿地中精致细巧的小型建筑物。可分为两类，一是供人休憩观赏的亭，另外一种是具有实用功能的票亭、售货亭等。《园冶》中说：“亭者，停也。所以停憩游行也。”说明园亭是供人歇息休憩的地方。

供游人休息和观景的园林建筑。园亭的特点是周围开敞，在造型上相对小而集中，因此，亭常与山、水、绿化结合起来组景，并作为园林中“点景”的一种手段。（图 4-108）

（3）亭的设计要点

①首先必须选择好位置，按照总的规划意图选点。要发挥亭的平面占地较少，受地形、方位和立基影响小的特点，充分发挥“对景”和“借景”的造景手法，使亭发挥“成景”和“观景”的作用。（图 4-109）

②亭的体量和位置的选择，主要应看其所处的环境位置的大小、性质等，因地制宜而定。亭的材料及色彩，应力求用地方性材料，就地取材，不但加工便利，而且又近于自然设计。

（4）园林中亭的特点

①功能上：成景——点缀园之景色，构成园之景点；得景——驻足观景之所，遮阳避雨，休息览胜之场所。

②造型上：造型丰富，形式多变。

③体量上：灵活多样，可大可小，可是主景亦可是配景。大亭如颐和园的“廓如亭”，面积 130 多平方米，高度 20 米，由内外三圈二十四根圆柱和十六根方柱进行支撑，体形稳重，气势雄浑、颇为壮观，只有这样才能和十七孔桥那端的南湖岛取得均衡；小亭如苏州怡园“螺髻亭”，面积 2.5 平方米，高度 3.5 米。（图 4-110 至图 4-112）

图 4-108

图 4-109

图 4-110　廓如亭

图 4-111　螺髻亭

图 4-112

（5）亭的功能

①休息：可为防日晒、雨淋，消暑纳凉，是园林中游人休息之处。

②赏景：作为园林中凭眺、畅览园林景色的赏景点。

③点景：亭的位置、体量、色彩等因地制宜，表达出各种园林情趣，成为园林景观构图中心。

④专用：作为特定目的使用，如纪念亭以及现代园林中的售票亭、小卖亭、摄影亭等。

第五章　植物种植设计与施工

学习目的与要求:

（1）了解植物种植设计的流程。

（2）了解植物种植施工的基本过程。

本章重点和难点:

（1）掌握植物种植设计的流程。

（2）掌握植物种植施工的基本过程。

第一节　植物种植设计

《园冶》一书其精髓可归纳为“虽由人作，宛自天开”，“巧于因借，精在体宜”，这是我国传统的造园原则和手段，造园者巧妙地因势布局，随机因借，就能做到得体合宜了。而植物在园林造景中则是一个重要的元素，因为其具有生命，且种类复杂多变，观赏性及生态适应性各异，所以植物种植设计在造景设计中就是显得复杂许多。

各种项目的设计都要经过由深入浅、从粗到细、不断完善的过程，植物种植设计也不例外，设计者应先进行现状调研，熟悉物质环境、社会文化环境等，再对设计有关的内容进行概括和分析，最后，拿出合理的设计。这种设计方法大致可分为五个阶段。即：任务书阶段；现状调研和分析阶段；方案设计阶段；详细设计阶段和施工图设计阶段。

一、解读任务书阶段

和别的设计一样，都需要这一个阶段，即对任务书的解读分析，了解需要做的设计的内容是什么，客户的意图和目标、场地的高差、植物的生长情况、水文、历史、土壤和野生生物等情况，尤其是各种生态因子的确定关系着植物设计成功与否。

设计开始的第一步要解决的问题是设计目标的委托者和消费者的问题，也就是为了谁设计的问题。其实这里面包含两个层面的内容：其一是设计目标的委托者，这就是我们通常所说的甲方，他们在投资某一个项目时有着非常明确的目的和目标，因此，有关审美的标准选择他们也会有许多想法。而作为设计的主要评价者之一，设计师是无法避免回避他们的意见。因此，作为一个设计师应该清醒地认识到甲方是作为设计成果的主要评价者的角色，并在设计的初期就要与甲方进行充分的交流，获取项目的信息，这在设计之前就应该准确无误地掌握及理解，如设计目的、目标、计划投资额、审美标准等。因此为了很好地实现设计成果，从与客户之间的沟通互动、现场调研、资料分析等方法综合考虑，做到准备无误地理解任务书的设计内容。但在设计的全过程中我们必须切记：设计师应该具有提升全社会审美品质的社会责任感，在作出我们的判断后，设计的审美品质是应该高出设计委托者和消费者一个层面的。如果别人需要什么，我们就设计什么，设计师将永远不会得到社会的承认和业主的尊敬。

二、现状调研、实地踏勘及现状分析阶段

调查是手段，分析才是目的。掌握了任务书阶段的内容之后就应该着手进行现状调研、实地踏勘与收集有关资料的工作，并对整个基地及环境状况进行综合分析。场地现状背景调查及实地踏勘非常重要，而现状分析是在完成现场勘察和资料汇总后，结合各方面的主客观因素进行的分析。

1. 基地分析

基地分析是在客观调查和主观的评价的基础上，对基地及其环境的各种因素作出综合性的分析与评价。基地分析在整个设计过程中占有很重要的地位，这有助于各项内容的详细设计。基地分析包括在地形资料

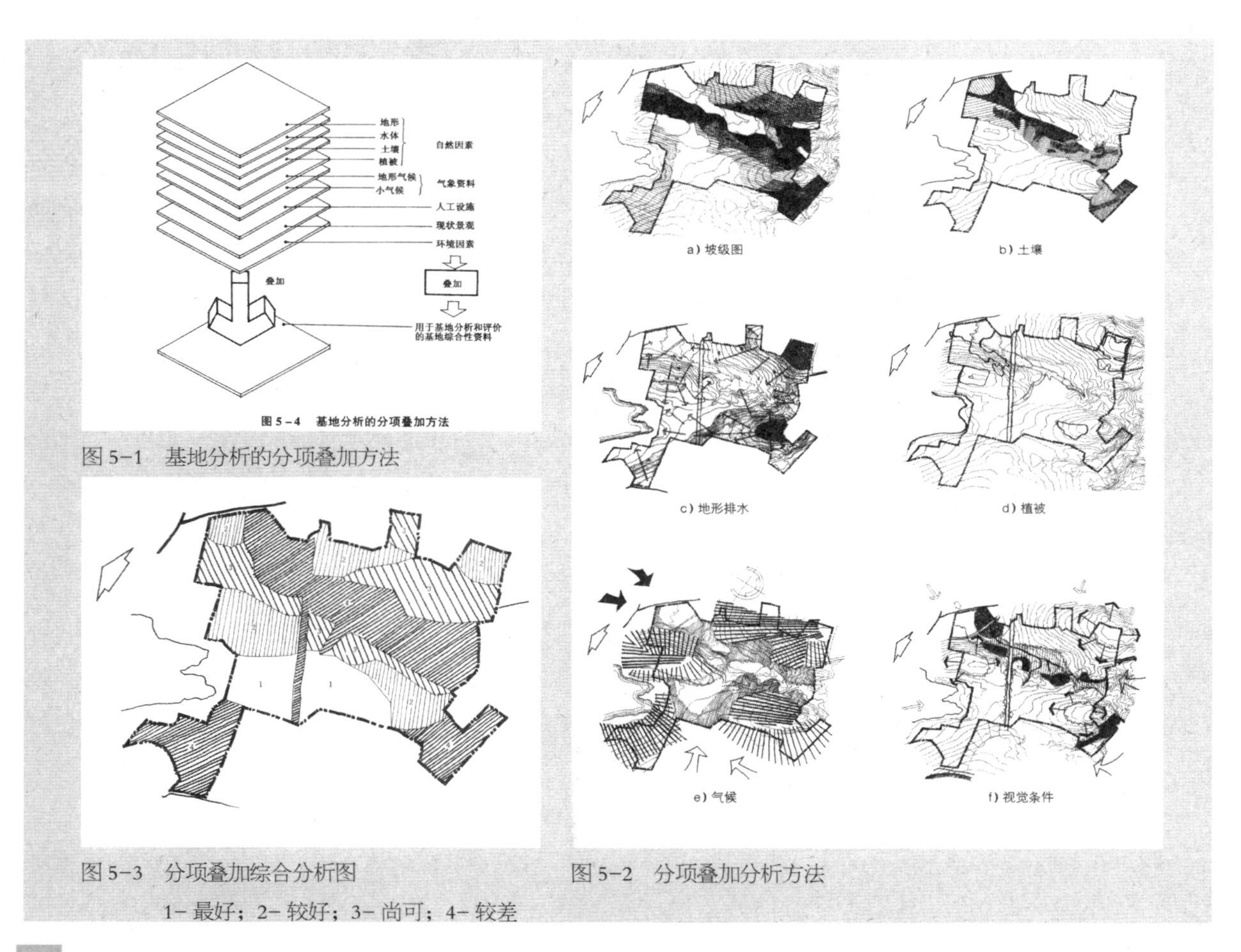

图 5–1 基地分析的分项叠加方法

图 5–3 分项叠加综合分析图
1- 最好；2- 较好；3- 尚可；4- 较差

图 5–2 分项叠加分析方法

的基础上进行坡级分析、排水类型分析，在土壤资料的基础上进行土壤承载分析等。

较大规模的地形是分项调查的，因此地形分析也应分项进行，最后再综合。首先将调查结果分别绘制在地形底图上，一张底图上只作一个单项内容，然后将诸项内容进行叠加，如图 5-1 所示。综合分析图上应该着重表示各项的关键内容，如图 5-2、图 5-3 所示。

2. 地形分析

地形的分析在植物种植设计定位和植物选择中是一个重要环节，需要详细评价分析。在现场调研中要注意地形的高程、坡向、坡度，根据坡度分级，因为地形坡度不仅会影响到水分流失和积聚，而且还会影响到植物的生长和分布。不同的坡度范围栽植的植物也是不同的，如草坪最大栽植坡度为 45°，中、高乔木栽植最大坡度为 30°，然而随着现代种植施工技术的发展，坡度对于植物的栽植影响正逐渐地减少。

3. 区域内的光照

对于区域内各处的光照程度进行分类记录，包括全日照、半日照、全遮阴、微暗、较暗等。最好能够借助计算机软件模拟出日照行为，做出日照分析，为设计确定植物种类提供依据。

4. 地质与土壤情况

对于植物的规划和设计应用，地质构造与土壤种类起着决定性的作用，这是选择合适植物的基础。不同植物适合不同的土壤酸碱性，干燥或半干燥地区的高盐土壤也会限制植物的生长发育。

一般来说，较大的工程项目需要由专业人员提供有关土壤情况的综合报告，较小规模的工程只需了解主要的土壤特征，如 pH 值、土壤承载极限、土壤类型等。在土壤调查中有时还可以通过观察当地植物群落中某些能指示土壤类型、肥沃程度及含水量等的指示性植物和土壤的颜色来协助调查。

5. 水文条件

水文资料包括：排水地区分布图、潜在的洪水、溪流的低速流动、溪流对沉积物的承受力、固体在地表水源中溶解的最大量、地表水的总量和质量、地表水体的深度、可做水库的潜在地区、地面水源的利用率、井和测试孔的位置、到地下水位的距离、地下水位的海拔、渗透物质的厚度、地面水源的质量及可以再补充水的地区等。

6. 气候条件

主要考虑的气候条件有月平均温度和降水量、温度变化最大范围、积雪大的天数、无霜冻的天数、洪水水位、最大风速、湿度以及地方极端气候出现的情况。

7. 现有植物资源

对当地区域的植物资源材料的收集整理，是场地种植设计的必要手段，也是种植的基础，更是乡土树种的适地适树的重要依据，这时可结合基地底图和植物调查表格将植物的种类、位置、高度、长势等标出并记录下来，同时可作些现场评价等。

8. 土地使用历史

土地的承载力也是评估具体场地的一部分内容。土壤的抗剪切强度决定了土壤的稳定性和抗变形的能力，在坡面上，无论是自然还是人工因素引起的土壤抗剪切强度的下降都会损害坡面、造成滑坡。土壤的安息角是由非压实土壤自然形成的坡面角，它随着土壤颗粒的大小、形状和土壤的潮湿程度而变化。为了保持坡面稳定，地形坡面角应小于它的安息角。

9. 现存建筑物与构筑物及其他设施

现存建筑物与构筑物及其他设施情况包括公用设施等的位置、数量、尺寸、容量、朝向对场地植物栽种的影响，这就是对现存设施调查重点考虑的内容。

三、初步方案设计阶段

这一阶段要提出达到工程目标的初步设计思想，并由此安排基本的规划要素。明确植物材料在空间组织、造景、改善基地条件等方面应起的作用，确定植物功能分区，做出植物方案设计构思，形成初步方案设计。当基地规模较大及所安排的内容较多时，就应该在方案设计之前先作出整个园林的用地规划或布置，保证功能合理，尽量利用基地条件，使诸项内容各得其所，然后再分区分块进行各局部景区或景点的方案设计。若范围较小，功能不复杂，则可以直接进行方案设计。有关方案设计中植物配置的依据主要考虑如下几个方面。

1. 各个场地功能确定植物的各种功能

如护坡、水土保持、组织交通、屏障、观赏等，并对植物起到的或预期起到的作用及功能进行分析，当然这个过程要结合种植设计的基本审美考虑。不同功能区的特征和使用要求应选择不同的植物类型，利用不同植物的颜色、姿态、质地、范围、季相、种植方式以及平衡关系来支持设计。

2. 植物种植设计对区域环境的影响

在设计区域内，所有种植设计都应避免要求过多的水量来人工维持植物景观的繁茂。免灌溉是依靠很少或无须灌溉的植物种植，避免大量浇水的景观，而采用适应该地区独特的植物，只需结合少量的浇灌。免灌溉景观中的植物必须根据它们对水的需求量将其组合在一起。因此，新引入的植物种类应重点分析其对该处的生物性的影响、供水灌溉的要求，对于现有植被的保护要着重考虑，并重视植物多样性，乔灌草的合理搭配，利用能够很好适应当地土壤和降雨情况的乡土植物势在必行。

3. 植物生长环境

通过调查分析区域气候、小气候、现有水源、土壤情况、降雨量等后，确定特定地点所需的植物类型，以保证植物生长良好。这种调查和分析方法不仅为种植设计提供了可靠的依据，使设计者熟悉这种自然植被的结构特点，同时还能在充分研究了当地植物群落结构之后，结合设计要求、美学原则，做出不同的种植设计方案，并按规模、季相变化等特点分别编号，以提高设计工作的效率。

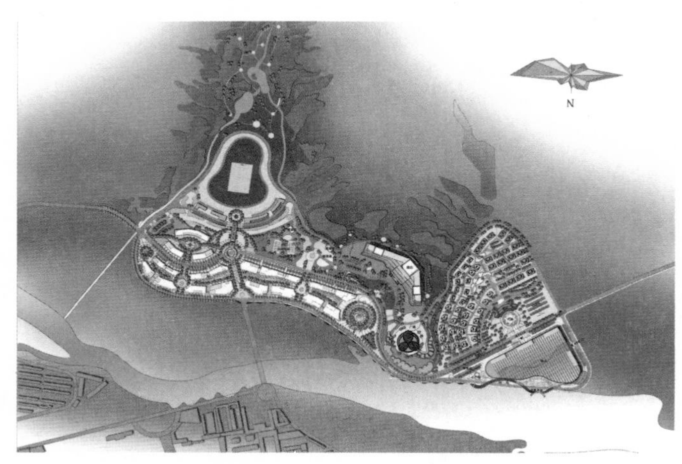

图 5-4　某项目总平面图

4. 现状植物评估及引入植物的评估

在植物设计时应尽量从建设费用、景观需求和生态效益方面多考虑现存植物的保留。原有植物原则上尽量加以利用，特别是一些大树，即使需要进行全新的植物配置，也应对现存树木进行移植再利用。对于引入植物要进行仔细分析，当入侵种是一具有“杂草”特性的外来种，它与当地植物生长形成竞争并能迅速扩张、占领，形成极其稠密的种群，从而干扰当地植物种群的自然演化。

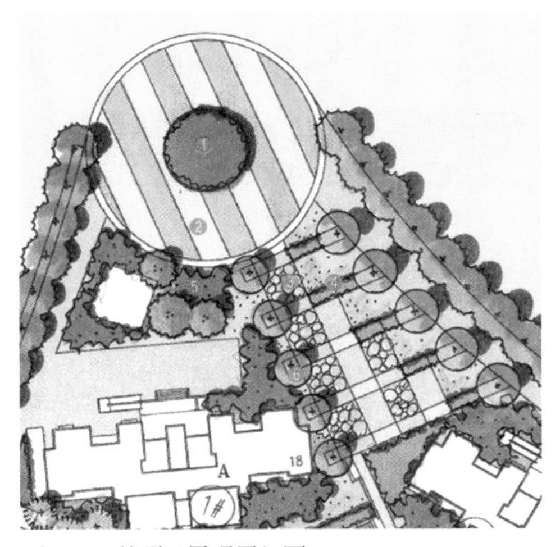

图 5-5　某项目景观局部图

图 5-6　某观赏园鸟瞰图（局部）

总之，在为一个设计方案选择植物时，首先也应以其功能设计为基础，然后再考虑它的园艺特征，并融入各空间的特殊要求，列出各场地的种植方案。

如从图 5-4 所示中可以得知这一个大规模开发的项目，对于这类大规模开发中现存植物类型的战略目标是保存目前的植被以维持物种多样性，促进相邻的植被，或通过将要进行的开发，提高和扩展其他植被廊道。通常情况下大规模开发中现存植被类型在很大程度上将影响对土地利用的决定和新的种植规划。现存植被提供了一个环境缓冲区，它影响到气候、径流、景观、野生动物和美学。植物通常包括大树、下层植物、大的灌木群、草地和野生花卉。

对于高强度多用途活动区（图 5-5），植物可使大面积铺装增强空气流通，吸收径流并改善小气候。植物种类有很大不同，而且必须能适应恶劣的土壤条件。设计应尽量将植物组合在一个大的相互联系的植床中，并避免将树木围在不透气的铺装中。应选择乡土植物，它们更能适应当地的气候和土壤条件。植物长期养护和成活后才可能达到设计标准。植物选择的范围从中乔木到茂密的草、多年生植物和地被植物。

中小型植物园和观赏园植物选择需要的维护和管理费用都较大，如图 5-6 所示，应选择耐寒植物种类，以适合当地水资源的供应量并将病虫害干扰降到最低 。考虑到能源消耗和有害物质的危害，种植时要将审美和功能目标与生态兼容性及长期维护相平衡。植物选择的范围从中乔木到小乔木、灌木、草、地被植物、多年生和一年生植物。

四、详细设计阶段

方案设计完成后应协同委托方共同商议，然后根据商讨结果对方案进行修改和调整。一旦初步方案定下来之后，便可在总体方案基础上与其他详细设计同时展开。此阶段是植物材料在设计方案中的构思具体化，包括详细的种植配置平面、植物的种类和数量、种植间距等。需从植物的形状、色彩、质感、季相变化、生长速度、生长习性、配置效果等方面来考虑，以满足设计方案中的各种要求。

1. 具体植物选择阶段

在初步设计方案确定后，应进行具体植物的选择。以基地所在地区的乡土植物种类为主，同时也应考虑已被证明能适应本地生长条件、长势良好的外来或引进的植物种类。另外还要考虑植物材料的来源是否方便、规格和价格是否适合，养护管理是否容易等因素。

景观效果的好坏取决于景观树种的选择。选择一个可以旺盛生长、正常发育的树种，除了能提高绿化、美化效果外，同时也能节约管理费用。反之，选择了一个栽植成活率低的树种，观赏性非但受其影响，而且会对生态环境产生危害。总体而言，满足目的性、适应性、经济性是选择园林树种的三条基本原则。

（1）目的性原则

树种的选择应满足栽培目的的要求，除了起到观景效果之外，也要最大限度地发挥生态功效。主要由树形、叶色、枝干和花果的形状、色泽、香气等要素构成的观赏特性。树木的观赏性因树叶大小、形状、颜色的不同而丰富，是园林树木植物造景的基本要素。运用国外引种的金叶女贞，金叶黄杨、火炬树、紫叶稠李、紫叶黄栌、变色瓜子黄杨、花叶复叶槭等彩叶树木，在目前园林建设中较为流行。

园林的首选树种通常集中在观花、观果的树木，但对于易引起过敏反应的植物，因浆果招惹鸟类而使树下的环境脏乱的植物、果实破碎后很臭或者难以清除的植物等，都应在树种选择的时候避开此类影响因素。秋季叶色金黄、树形优美、抗污染、病虫害少、适应性广，一直是园林树木中的珍品的银杏，雄株和雌株在美国树木价值评价体系中价值系数要相差 2 倍，原因就是银杏的假果皮散发难闻的气味，种植在行道和庭院中，经常会引起居民的抱怨，由此可见选择失误可能会成为城市树木群落的不稳定因素。

就生态功能而言，不同树种的生态功能有很大的差异，这是由于树冠大小、叶量多少以及树木生长与生产特点的不同而导致的，因而在小气候的影响及减少大气污染等方面所起的作用有所差异。植物抗旱能力的提高需要叶有厚的、软毛的、蜡质的特点，能提供良好的遮阳、降尘作用的叶一般是大而稠密的；因冬季有叶片所以常绿树种防风效果好。会释放易挥发性有机物（VOC），从而导致臭氧和一氧化碳的生成，污染大气的树木，在园林树木栽培时应谨慎选择。

因树种的差异导致树木个体所产生的易挥发性有机物的数量和种类存在差异。释放的挥发物种类及导致的污染是影响树种选择的因素之一。如异戊二烯释放速率较高的木麻黄属、桉树属、枫香属、蓝果树属、悬铃木属、杨属、栎属、刺槐属和柳属等树种，一定要考虑其臭氧生成的潜力的问题。

在城市生态环境日趋严峻的形势下，要改变以往对观赏效果过分重视、只考虑观赏植物造景的做法，要达到树木的生态价值、环境保护价值、保健休养价值、游览价值、文化娱乐价值、美学价值、社会公益价值、经济价值等得到充分发挥的目的，需要做到通过不同植物材料有重点、有秩序地组织空间，除了能够改善生态环境、提供居住质量之外，还能产生多功能、多效益的效果。

（2）适应性原则

园林树木的选择，在一般情况下会受生态因素的影响。一定的区域，虽然有较多的树种可以满足目的性要求，但它们不一定都能适应该地的外界环境条件，所以必须进一步筛选，在选择园林树木的时候可以做到"适地适树"。即是让栽植树种的生态学特种与栽植地的外界环境条件下可以相适应，也就是在适宜的场地自然条件下种植合适的树种。充分发挥土地、树种的潜力就应做到"适地适树"，是一定技术经济条件下园林树木生长发育达到最高水平的基础。

气候、地形、土壤、水文、生物、人为因素等树种所生存的环境因素的综合，指的就是适地适树中的"地"。"地"和"树"之间的平衡是相对的、动态的，它们是矛盾统一的两个方面，不过在树木整个生长过程中是保持平衡的。所以达到适地适树要求，就是要在树木生长的过程中使"地"和"树"之间的矛盾达到平衡。对于某种场合或某个阶段存在矛盾的情况，可以通过人为的各种措施来使树木生长的需求与立地环境达到平衡。但是这种人为措施的作用不应被过度夸大，因为其受一定的经济与技术条件的制约。

（3）经济性原则

在同时满足目的性和适应性的树种中进行选择时，在降低施工与养护成本的基础上，树种或品种的来源广、繁殖较容易、苗木价格低、移栽成活率高、养护费用较低的将是首选。确定树种后，应尽量避免远途购苗，选择树苗应在和立地条件相似的地区进行。对于必须进行调运苗木的情况，为了保证定植成活率，严防根系失水过度是关键，这就要求苗木包装保护工作要做到细致周到。对于养护成本应考虑在选择树种时它的预期功能与管护成本的关系，这是由于几乎每个树种在一个特定的环境及管理条件下都有它的优点和缺点。例如，生长过快需频繁修剪的树种；对水分要求过高需要经常灌溉的树种；极易遭受病虫害的危害而防治工作量大的树种；木质部强度较低，容易受到损伤而必须加强管护的树种等。不同树木、品种的配置与日后所需的养护费用关系密切，若经费不足，可以选择具有相似美学特性的易护理树种以取代必须投入大量人力来进行养护管理的树种，这对于发挥预期的功能、确保园林群落的稳定产生重要影响。因此除低成本外，如果能够兼顾市场需求，所选择的园林树木的经济实效性在提高社会效益、生态效益的同时，还应该存在一定的经济价值。

2. 不同绿化类型的树种选择

（1）独赏树

①观形树种

园林造景的基础之一树形，通过精心配置不同树形的树木，可以丰富层次感和韵律感，最终构成美丽、协调的画面。例如雪松、龙柏、水杉等尖塔形、圆锥形的树给人以庄严肃穆的感觉；柳树、龙爪槐等垂枝类树给人优雅婀娜的感觉等。人们选择具有不同树形的树木主要是依据群体构图需要及周围建筑物等环境协调的原则。还有能够通过修剪成各种特殊形状的树种，如黄杨、冬青、女贞、桧柏等。（图 5-7）

图 5–7　独赏树（龙爪槐、垂柳、华山松）

②观叶树种

由树木的叶色烘托出来的色调是园林中最基本、最常见的色调。四季长春的常绿树，绿色给冬季的大地赋予生机；落叶树向人们报告大地在苏醒的方式，就是在早春吐展淡绿或黄绿的嫩芽；秋天色叶树种能让人产生仿佛置身于春季的感觉。树木叶色的四季变化，告诉人们时光的流逝，如樱花、花楸、卫矛、山楂、黄连木、元宝枫等在深秋叶色变红或紫色的树种。银杏、鹅掌楸、白桦、水杉、复叶槭等树木的叶色在秋天会变黄或黄褐色。配置成大的色块图案，是自 20 世纪 80 年代以来，国内外园林种植绿地设计中色叶树种在群植时的流行手法。

在园林中能起到很好的点缀作用的如紫叶李、紫叶小檗、洒金柏等树种的叶片在整个生长期均有绚丽的色彩。根据设计的需要，可以选择叶片的大小、形状、萌芽期和展叶期不尽相同的不同树种。（图 5-8、图 5-9）

③观花树种

不同树木的花具有不同的形状、颜色以及芳香。比如花形大、在较远距离观赏价值高的玉兰、厚朴、山茶等；虽花小，但构成庞大的花序，观赏效果也很好的栾树、合欢、紫薇、绣球等。观赏效果可以通过不同花色的合理搭配而显著提高，红色花系、黄色花系、紫色花系、白色花系是观花树的四大类别。除考虑上述因素外，选择观花树种时，开花时间是要考虑的因素之一，同时还应考虑花粉的污染问题，特别是在人群密集、疗养院等地应注意这方面的因素。（图 5-10、图 5-11）

④观果树种

不同的园林树木，其果实的价值有所差异，有食用价值、观赏价值或兼具多种价值的。如果色鲜艳的火棘、山楂、石楠、四照花等；犹如一串彩色小灯笼挂在树梢的栾树果实；可一直挂树留存在白雪皑皑时节的果实如金银木、冬青、南天竹等。（图 5-12、图 5-13）

图 5-8　观叶树种（银杏）
图 5-9　观叶树种（栾树）
图 5-10　观花树种（木本绣球）
图 5-11　观花树种（樱花）
图 5-12　观果树种（山楂）
图 5-13　观果树种（石榴）

图 5-14　观枝树种（新疆杨）

⑤观枝树种

有些具有特殊颜色的干、枝的外皮的树种，也能产生一定的观赏作用。如青白色且带有斑纹树皮的白皮松，竹、白桦、毛白杨、红瑞木等也属于枝干具有特殊皮色的树种。（图 5-14）

（2）庭荫树

庭荫树也叫绿荫树，可以形成供遮阳和装饰用的绿荫。其最常用于建筑形式的庭院中。一般植于路旁、池边、廊、亭前后或与山石建筑相配，能给人一种自然形成的感觉。

在选择庭荫树树种时，应将观赏效果与遮阴的功能综合起来考虑，但要以前者为主。许多观花、观果、观叶的乔木均可以作为庭荫树，如油松、白皮松、合欢、槐、白蜡、柳类等。对于易于污染衣物的种类，是不适宜作为庭荫树的；对于易遭受病虫害的种类，在庭院中最好不栽；另外，为了避免因遮挡阳光使室内阴暗，也不应过多栽植常绿庭荫树。（图 5-15）

图 5-15　庭荫树（凤凰木）

（3）行道树

为了满足美化、遮阴和防护等的需要，在道路旁栽植的树木称为行道树。在选择行道树的时候要确保其树种能有较高的对抗不利因素的能力，在此基础上还要求树冠大、荫浓、发芽早、落叶迟且落叶延续其短，花果对街道环境不会产生污染、干性强、耐修剪、根系较深、病虫害少、寿命较长等条件。悬铃木、银杏、杨、柳、国槐、合欢、白蜡、梧桐、龙柏等为常用作行道树的树种。

图 5-16　行道树（小叶榄仁）

行道树枝下高最少要在 2.5 米，距车行道边缘以 1 ～ 1.5 米为宜，最低不应少于 0.7 米，距离房屋最低为 5 米，以 8 ～ 12 米的株间距最为适宜。（图 5-16）

（4）藤木

具有缠绕性、吸附性、攀援性等，其茎枝细长难以自行直立的木本植物称为藤木。此类树木用途较广，可形成供休息或装饰用的各种形势的棚架。凌霄、葡萄、金银花、常春藤、爬山虎、五叶地锦等是比较常用的藤木树种。

（5）植篱

又叫绿篱或树篱。具有较强的萌芽更新能力和较强的耐阴力，生长较缓慢、叶片较小的树种是植篱的主要构成。所起的作用主要包括分割空间、遮蔽视线、衬托景物、美化环境及防护等（图 5-17、图 5-18）。根据观赏特性的不同，分为下几种：

图 5-17　藤木（爬山虎）

图 5-18　美国凌霄

①叶蓠：桧柏、侧柏、大叶黄杨、金叶女贞等。

②花篱：迎春、连翘、绣线菊、丰花月季等。

③蔓篱：凌霄、葡萄、紫藤、藤本蔷薇等。

（6）地被植物

图 5-19　地被植物（玉簪）

是指能覆盖地面的植物。木本植物中的矮小丛木以及半蔓性的灌木一般常被用作地被植物。因环境差异地被植物的选择也是不同，主要考虑如全光、半荫、干旱、土壤酸度、土层厚薄等环境条件与植物生态习性之间的契合度。除此之外，也应考虑植物的景观效果。铺地柏、平枝栒子、常春藤等是常用地被树种。除景观作用外，地被植物对改善环境、防尘土、保持水土、抑制杂草、增加空气湿度等起到良好作用。（图 5-19）

（7）其他

由于生长习性的差异，植物对光线、温度、水分和土壤等环境因子的要求不同，抵抗劣境的能力不同，因此，应针对所在地区的气象条件、风速、日照情况、地下水位、土壤条件、大气污染情况等选择合适的树种。

①根据不同的立地光照条件分别选择喜荫、半耐荫、喜阳等植物种类（表 5-1），特别要考虑建筑、围墙、树木的遮挡。喜阳植物宜种植在阳光充足的地方，如果是群植，应将喜阳的植物安排在上层，耐荫的植物宜种植在林内（做中木）、林缘或树荫下、墙的北面。

表 5-1　常见喜阳、耐荫和中性植物一览表

耐荫程度	常见的植物种类
喜阳植物	大多数松柏类植物、银杏、广玉兰、鹅掌楸、白玉兰、紫玉兰、朴树、榆树、来木、毛白杨、合欢、鸢尾、牵牛花、假俭草、结缕草等
耐荫植物	罗汉松、花柏、云杉、冷衫、甜槠、建柏、红豆杉、紫衫、山茶、栀子花、南天竹、海桐、珊瑚树、大叶黄杨、迎春、常春藤、玉簪、八仙花、早熟禾、麦冬、沿阶草等
中性植物	柏木、侧柏、柳杉、香樟、月桂、女贞、小蜡、桂花、小叶女贞、白鹃梅、丁香、红叶李、棣棠、夹竹桃、七叶树、石楠、麻叶绣球、垂丝海棠、樱花、葱兰、虎耳草等

②如沿海等多风的地区应选择深根性、生长快速的植物种类，并且在栽植后应立即加桩拉绳固定，风大的地方还可设立临时挡风墙。

③利用小气候种植。在地形有利的地方或四周有遮挡形成的小气候温和的地方可以种些稍不耐寒的种类，否则应选用在该地区最寒冷的气温条件下也能正常生长的植物种类。

④受空气污染的基地还应注意根据不同类型的污染，选用相应的抗污染种类。大多数针叶树和常绿树不抗污染，而落叶阔叶树的抗污染能力较强，像臭椿、国槐、银杏等就属于抗污染能力较强的树种。

⑤对不同 pH 的土壤应选用相应的植物种类。大多数针叶树喜欢偏酸性的土壤（pH 为 3.7 ～ 5.5），大多数阔叶树较适应微酸性土壤（pH 为 5.5 ～ 6.9），大多数灌木能适应较中性的土壤（pH 为 6.0 ～ 7.5），只有很少一部分植物耐盐碱，如柽柳、白蜡、刺槐、柳树、乌桕、苦楝、泡桐、紫薇等。大多数植物喜欢

较肥沃的土壤，但是有些植物也能在瘠薄的土壤中生长，如黑松、白榆、女贞、小蜡、水杉、柳树、枫香、黄连木、紫穗槐、刺槐等。对于粉煤灰、炉渣地、含有金属废弃物的土壤、工矿区废物堆积场地、因贫瘠而废弃的土地都属于城市废弃地的范畴。土壤中由于废弃沉积物、矿物渗出物、污染物和其他干扰物的存在，不具有自然土中的营养物质，土壤的基质肥力因而大为降低，这些是城市废弃地共有的特点，还有部分土壤由于有毒性化学物质的存在导致其不适宜植物生长。因此应首先经过改良土壤，然后以草本植被的营造为主，再选择抗污染、耐瘠薄、耐干旱性的树种进行栽植。如柳属、刺槐、桦属、山楂属、金丝桃属等树种在以粉煤灰为主的废弃地中，抗性较强。

⑥低凹的湿地、水岸旁应选种一些耐水湿的植物，例如乌桕、水杉、池杉、落羽杉、垂柳、枫杨、木槿、芦苇等。

⑦对于小区居民用地树木景观除了观赏、生态功能之外，树木对建筑结构的影响也是必须考虑的因素，如树体大、需水量多的树木尽量不要栽在 1 ～ 2 层的住宅旁，选择花粉量少、分泌释放物对人体健康无影响的树种栽植在朝南的窗边，大乔木则尽量避免。

而对于选择广场树种这样大面积铺装构成的极度人工化环境，地面高温、干旱是城市广场立地的主要特点，城市广场也是城市美化及市民活动的场所。所以耐干旱、耐高温树种将是首选，良好的分枝结构、树冠形状、树干强度、耐修剪、寿命长等特点也是选择树木时必须要考虑的。

⑧如何选择工厂区的树种。工厂区绿化树种选择必须在认真调查污染类型的前提下做出决定，这是因为此类立地的环境要求树木具有较强的抗污染能力。同时，为了达到增强树木对污染物的吸收、滞留的作用，一般首选生长快、树冠大、叶面积指数高的树种。

⑨依据总体概预算和工程费用及管理水平进行规划设计栽植。

⑩对栽植树木的树源情况有所了解，特别是高大乔木和规格较大的其他树木的来源有无保障。

五、施工图设计阶段

在种植设计方案完成后就要着手绘制种植设计图。种植设计图是种植施工的依据，其中应包括植物的平面位置或范围、详尽的尺寸、植物的种类和数量、苗木的规格、详细的种植方法、种植坛的详图、管理和栽后保质期限等图纸与文字内容。

种植设计的技术决定了设计素材使用的成功与否，如果设计的位置不恰当，植物将不能充分展现其潜力。所以，应遵循以下的一般规则以达到植物生长的最佳条件。

1. 种植间距

选择的种植地点应在植物达到其成熟期时有足够的空间生长，了解植物的树体尺度，种植过密会造成植株之间对光照、土壤养分和生长空间的过度竞争。

2. 注意栽种时间

绝大多数常绿树可以在任何季节栽种，但要细心维护，尽可能少地损伤其根部。有些落叶树木适宜在停止生长期间栽种。

3. 土壤的要求

种植坑的大小根据植株而定，必要时可做一些土壤的改良或客土，如果土太厚或沙太多，应增添一些淤泥或腐殖土之类的有机物。

4. 种植安排紧凑

栽植规划申报要及时完成，在相关的绿地条例法规中，不同规模用地的绿化面积、植物量、树种、配植有不同的规定，应依照有关法规规划设计，考虑申报的时间因素。从苗圃买来的植物应尽快种上，耽误时间太长会增加植物移植死亡率。

5. 树木的固定

直径大于 5cm 的树木应用绳索加以支撑，树木朝向应朝着原地种植时的朝向。

六、种植设计注意的几个问题

种植设计的几个重点问题，在种植设计时需加以注意。

1. 大乔木的使用

在城市建设过程中，大乔木是难得的植物资源，最好能够想方设法保留原有的大乔木。当大乔木生长已到达设计效果时，应将其视为周围建筑社区和人们生活的一部分，不得单独毁掉。同时，不宜进行大规模的大树移植，一方面破坏了原有大树所在地的生态；另一方面由于急于移植往往成活率不高，造成浪费。即使要进行少量的移植，也要按步骤进行，以保证移植的成活率。同时，对栽植树木的树源情况也要有所了解。

2. 草坪和地被植物

草坪和地被是良好的地面覆盖物，可以很好地减少城市扬尘，同时草坪和地被是各种植物和非植物材料产生的统一基面。草坪应尽可能满足人们的进入要求，这将会带来一种在室内难以得到的体验。草地上的景物只有在人们穿入穿出时才能充分展现出魅力，否则只能是供人观赏的大盆景。很多专业绿地和部分公共绿地，如果在管理和时间上安排得当会收到良好效果，对于占成本较多的需水、修剪、施肥、打药等问题，可以通过中水利用、生长调控、缓释肥研制开发和智能化规范管理加以解决，但不宜大面积无节制建造大草坪，以免给用水和养护带来问题。

3. 绿篱的使用宜慎重

国外对绿篱的使用有着悠久的历史，在室外的空间组织和造景方面发挥着重要作用。现在绝大多数的绿篱起着装饰和防护作用，过量应用往往成为绿地的枷锁，应慎重使用，突出特色。

4. 适当使用灌木

灌木以其色彩变化丰富、见效快而大量应用，特别是在提倡乔木、灌木、草本搭配时更应注意不要产生副作用。常常可以见到高没人膝的杂草中乔木长势衰弱，灌木却不受控制地生长，占据着游人的空间，堵塞人们的视线。灌木常使用在创造封闭空间方面，如在座椅背后，或重点观赏时，灌木的封闭作用才能充分得到体现。

5. 种植设计图

包括设计平面表现图、种植平面图、详图以及必要的施工图和说明。由于季相变化，植物的生长等因素很难在设计平面中表现出来，因此，为了相对准确地表达设计意图，还应对这些变动内容进行说明。种植设计图可以适当加以表现，但种植平面图因施工的需要应简洁、清楚、准确、规范，不必加任何表现，另外还应对质量要求、定植后的养护和管理等内容附上必要的文字说明。

第二节　园林植物栽植的概念及类型

一、园林植物栽植的概念

栽植是指将植物从一个地点移植到另一个地点，并使其继续生长的操作过程，包括起苗、搬运、种植三个基本环节。园林植物栽植是指按园林设计的要求，根据园林植物的生长发育规律和生态环境条件，将苗木移栽定植在园林绿地中的技术。

园林植物绿化效益发挥的前提，必须依赖于植物的成活。苗木从掘起、搬运至栽植，通常只需几小时或几天的时间就可以完成，即使大树的移植，所花费的时间也只是植物生命周期中一段很短的时间，而园林植物一旦栽植，它在整个生命周期中都要发挥绿化效益。因此，栽植质量对植物的一生都有极其重要的影响。栽植后的健康状况、发根生长的能力、对各种灾害的抗性、景观效果及养护成本都与栽植措施有直接的联系。栽植质量不好，即使养护水平高，植物也不可能生长很好，甚至有可能死亡。因此，只有通过精细栽植，才能保证园林植物的成活，减少养护成本。

园林植物栽植的类型分为定植、假植和寄植三种。按照造景的要求，将植物栽植在预定位置，以后不再移走，这种栽植方法即为定植。已经出圃的苗木，如果不能及时运走或运到新的地方不能及时栽植，此时需将植株根系埋入湿润土壤，防止失水，这种栽植方法即为假植。在建筑或园林基础工程尚未结束，而工程结束后又必须及时进行绿化施工的情况下，为了储存苗木、促进生根，将植株临时种植在非定植地或容器中，这种栽植方法即为寄植。

二、园林植物栽植成活的原理及关键

1. 园林植物栽植成活的原理

园林植物在栽植过程中，由于根部受到损伤，特别是根系先端的须根大量丧失，根幅与根量缩小，根系脱离了原有的土壤环境后，其主动吸水能力大大降低，使得根系不能满足植物地上部所需的水分供给。另外，根系被挖离原生长地后容易干燥，植株体内水分由茎叶移向根部，当茎叶水分损失超过生理补偿点时，即干枯、脱落，芽亦干缩。因此，园林植物栽植成活的原理是保持和恢复植物体内水分代谢的平衡，提供相应的栽植条件和管理措施，协调植株地上部和地下部的生长发育矛盾，使其根旺株壮、枝繁叶茂，达到园林绿化所要求的生态指标和景观效果。

2. 保证园林植物栽植成活的关键

园林植物栽植是一个系统工程，要保持和恢复植株的水分平衡，关键在于以下几个方面：

①防止苗木过度失水。在园林植物苗木挖运和栽植的过程中，要严格进行保湿、保鲜，防止苗木过多失水。试验证明，一般苗木的含水量达到 70% 以上时，其栽植成活率随苗木失重的增加而急剧下降。

②促发新根。符合规格的苗木栽植后，90% 以上的吸收根死亡，其能否成活的标志就是植株是否有足够的新根。因此，采取措施促进苗木的伤口愈合，使其发出更多的新根，以恢复扩大根系的吸收表面与吸收能力。

③保证根系与土壤的紧密接触。栽植中要使植物的根系与土壤颗粒密切接触，并在栽植以后保证土壤有足够的水分供应，这样才能使水分顺利进入植株体内，补充水分的消耗。

三、栽植技术

主要包括栽植前的准备、 定植、 验收和移交等几个步骤。

1. 定位放线

根据种植设计图纸，按比例放样于地面，确定各树木种植点叫做定位放线。不同定点放线的方法因树木的种植、配置的差异而有所不同。

（1） 一般做法

以设计提供的标准点或固定建筑物、构筑物等为依据进行定点放线。

应符合设计图纸要求，位置要准确，标记要明显，进行定点放线。定点放线后应由设计或有关人员验点，施工需在验收合格后进行。

规则式种植，必须整齐、横平竖直地排列树穴位置。行道树定点，行位必须准确，大约每 5cm 钉一控制木椿，木椿位置应在株距之间。镐刨坑后放白灰标示树位中心。

孤立树定点时，应用木椿标志在树穴的中心位置上，树种和树穴的规格在木椿上写明。

应在沟槽边线处用白灰线标明绿篱和色带、色块。

（2） 行道树的定点放线

行道树是指道路两侧成行列式栽植的树木。要求栽植位置准确、株行距相等。定点一般是按设计断面确定的。在已有道路旁定点以路牙为依据，然后用皮尺、钢尺或测绳定出行位，再按设计定株距，每隔某个特定数株于株距中间钉一木桩 （不是钉在所挖坑穴的位置上），以此作为行位控制标记，从而确定每株树木坑 （穴） 位置的依据，然后标出单株位置可用白灰点。

市政、交通、沿途单位、居民等都与道路绿化关系密切，植树位置的确定，除和规定设计部门配合协商外，设计人员还应在定点后验点。

树体与邻近建 （构） 筑物、 地下工程管路及人行道边沿等的适宜水平距离是行道树栽植时要特别注意的。（表 5-2）

表 5-2　树体与建（构）筑物间的水平最小距离

单位：m

建（构）筑物	至乔木主干	至灌木根基
有窗建筑外墙	3.0	0.5
无窗建筑外墙	2. 0	0. 5
电力杆、柱、塔	2. 0	0. 5
邮筒、路站牌、灯	1.2	1.2
车行道边缘	1.5	0. 5
排水明沟边缘	1.0	0. 5
人行道边沿	1.0	0. 5
地下涵洞	3. 0	1.5
地下气管	2.0	1.5
地下水管	1.5	1.5
地下电缆	1.5	1.5

（3）自然式定位放线

定点放线应按自然式种植设计意图保持自然，自然式树丛用白灰线标明范围，其位置和形状应符合设计要求。树木分布在树丛内应能够有疏有密，不得成规则状，三点不得成行，不得成等腰三角形。树丛中应有标明所种的树种、数量、树穴规格的木椿提示牌。

①坐标定点法

按一定的比例在设计图及现场分别打方格，取决于根据植物配置的疏密度，在图上用尺量出树木在某方格的纵横坐标尺寸，再在现场按此排列位置相应的方格内用皮尺量。

②仪器测放

用经纬仪或小平板仪依次定出每株的位置，通过地上原有基点或建筑物、道路将树群或孤植树依照设计图上的位置加以确定。

③目测法

对于如灌木、树群等在设计图上无固定点的绿化种植，可用上述两种方法画出树群树丛的栽植范围，可根据设计要求在所定范围内用目测法进行定点确定其中每株树木的位置和排列，符合植株的生态要求并注意自然美观是进行定点时需特别注意的。定好点后，标明树种、栽植数量（灌木丛树群）、坑径，多采用白灰打点或打桩的方法。

2. 栽植穴准备

栽植穴的准备是改地适树，协调“地”与“树”之间的关系，创造良好的根系生长环境，提高栽植成活率和促进树木生长的重要环节。（图 5-20）

栽植穴应有足够的大小，以容纳植株的全部根系，避免栽植过浅和窝根。其具体规格应根据根系的分布特点、土层厚度、肥力状况、紧实程度及剖面是否有间层等条件而定。一般种植穴直径应比裸根苗根幅大 20 ～ 30cm，比带土球苗土球直径大 30 ～ 40cm；穴深比裸根深 20 ～ 30cm，比土球高度深 20cm 左右。有时也根据高度来确定种植穴规格。在挖穴或抽槽时，肥沃的表土与贫瘠的底土应分开放置，除去所有石块、瓦砾和妨碍生长的杂物。土壤贫瘠的应换上肥沃的表土或掺加适量的腐熟有机肥。园林树木栽植时，要检查树穴的挖掘质量，并根据树体的实际情况，进行必要的修整。树穴深浅的标准以定植后树体根颈部略高于地表面为宜，切忌因栽植太深而导致根颈部埋入土中，影响栽植成活和树体的正常生长发育。忌水湿树种如雪松、广玉兰等，常用露球栽植，露球高度约为土球竖径的 l/4 ～ l/3。 带土球的树木，草绳或稻草之类易腐烂的土球包扎材料，如果用量较少，入穴后可不拆除，如果用量较多，可在树木定位后剪除一部分，以免其腐烂发热，影响树木根系生长。各类树苗种植穴的规格见表 5-3 至表 5-6 所示。

表 5–3　常绿乔木类种植穴规格

（单位 :cm）

树　高	土球直径	种植穴深度	种植穴直径
150	40 ～ 50	50 ～ 60	80 ～ 90
150 ～ 250	70 ～ 80	80 ～ 90	100 ～ 110
250 ～ 400	80 ～ 100	90 ～ 110	120 ～ 130
400 以上	140 以上	120 以上	180 以上

表 5-4　常绿乔木类种植穴规格

（单位 :cm）

胸　径	种植穴深度	种植穴直径	胸　径	种植穴深度	种植穴直径
2 ~ 3	30 ~ 40	40 ~ 60	5 ~ 6	60 ~ 70	80 ~ 90
3 ~ 4	40 ~ 50	60 ~ 70	6 ~ 8	70 ~ 80	90 ~ 100
4 ~ 5	50 ~ 60	70 ~ 80	8 ~ 10	80 ~ 90	100 ~ 110

表 5-5　花灌木类种植穴规格

（单位 :cm）

冠　径	种植穴深度	种植穴直径
200	70 ~ 90	90 ~ 110
100	60 ~ 70	70 ~ 90

表 5-6　篱类种植槽规格

（单位 :cm）

种植高度	单行式	双行式
30 ~ 50	30 × 40	40 × 60
50 ~ 80	40 × 40	40 × 60
100 ~ 120	50 × 50	50 × 70
120 ~ 150	60 × 60	60 × 80

对土壤通透性极差的立地，应进行土壤改良，并采用瓦管和暗沟等排水措施。一般情况下，可在土壤中掺入沙土或适量腐殖质改良土壤结构，增强其通透性；也可加深植穴，填入部分沙砾或在附近挖一与植穴底部相通而低于植穴的暗井，并在植穴的通道内填入树枝、落叶及石砾等混合物，加强根区的地下径流排水。在渍水极严重的情况下，可用粗约 8cm 的瓦管铺设地下排水系统。

3. 定植

一般以选择一天中光照较弱、气温较低的时间进行苗木的种植为宜，如上午 11 点以前、下午 3 点以后，最适合种植的天气是在阴天无风的时候。在栽植工序内，不同的措施会影响树木成活及景观效果。

其操作程序分散苗和栽苗。

（1）散苗

散苗也叫配苗，是将苗木按设计图样或定点木桩要求，散放在定植穴（坑）旁边。对行道树或绿篱苗，栽植前要再一次按大小分级，使相邻的苗木大小基本

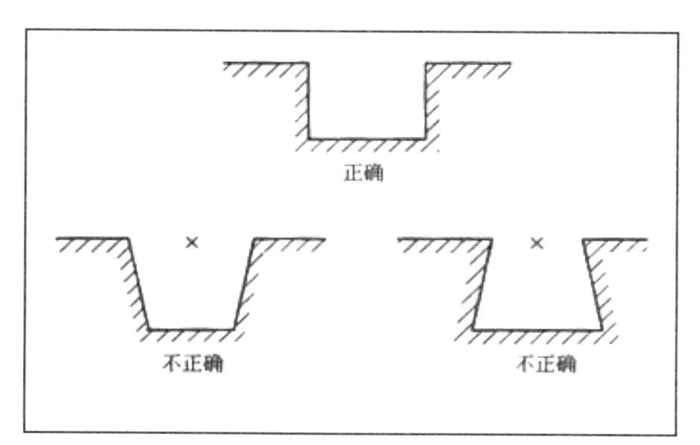

图 5-20　种植穴坑形

一致。按穴边木桩写明树种配苗，对号入座，边散边栽，配苗后还要及时核对设计图，检查调整。合理配苗可以改变景观不整齐的现象。散苗时应注意下列事项：

①准确

按图散苗，细心核对，避免散错。带土球苗木可置于坑边，裸根苗应根朝下置于坑内。对有特殊要求的苗木，应按规定对号入座，不得搞错。

②轻拿轻放

要保护好苗木植株与根系不受损伤，带土球的常绿苗木更要轻拿轻放。应边散边栽，减少苗木暴露时间。

③边散边植

散苗与栽植的速度极为相近，边散边植，尤其是气温高、光照强的时候，使树木根系暴露在外的时间尽量缩短，以减少水分消耗。

④在假植沟内取苗时应顺序进行，取后及时用土将剩余苗的根部埋严。

⑤作为行道树、绿篱的苗木应于栽植前量好高度，按高度分级排列，以保证临近苗木的规格基本一致。

（2）栽苗

散苗后将苗木放入坑内扶直，提苗到适宜深度，分层埋土压实、固定的过程称为栽苗。栽苗应注意下列事项：

①埋土前必须仔细核对设计图样，看树种、规格是否正确，若发现问题立即调整。

②树形及生长势最好的一面应朝向主要观赏方向；平面位置和高程必须与设计规定相符；树身上下必须与地面垂直，如果有弯曲，其弯曲方向应朝向当地的主导风方向。

③栽植深度一般应与原土痕平齐或稍低于地面 3 ～ 5cm，乔木不得深于原土痕 10cm；带土球树种不得超过 5cm。灌木及丛木的栽植深度不得过浅或过深，栽植过浅，根系容易失水干燥；栽植过深，根系呼吸困难，树木生长不旺。树木栽植深度如图 5-21 所示。

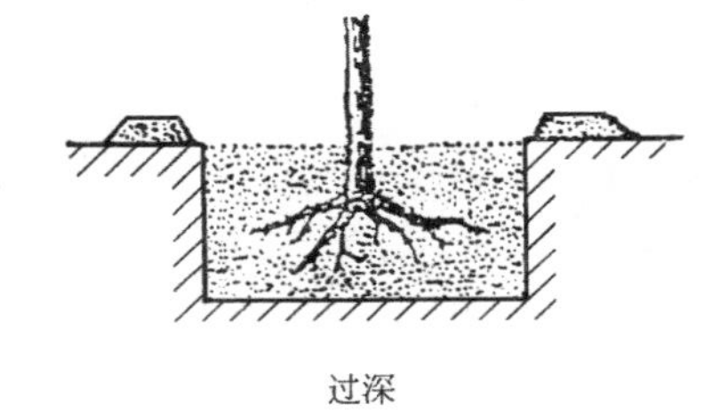
过深

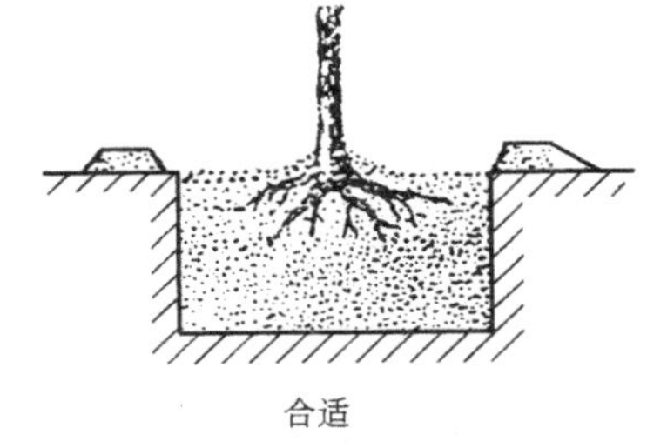
合适

图 5-21　树木栽植深度

④行列式植树应十分整齐，相邻树不得相差一个树干粗，要求每隔开 10 ～ 20 株先栽好对齐的“标干树”。以标干树为标准依据，栽植其他树木，如有弯干的树，应弯向行内，并与标干树对齐，左右相差不超过树干的一半，做到整齐美观。

⑤定植完毕后应与设计图样详细核对，确定没有问题后，可将捆拢树冠的草绳解开。

⑥栽裸根苗最好每三人为一个作业小组，一人负责扶树，扶直和掌握深浅度，两人负责埋土。栽种时，将苗木根系妥善安放在坑内新填的底土层上，直立扶正。待填土到一定程度时

图 5-22　开堰浇水

将苗木拉到合适的深度，保证树身直立且不得歪斜，根系呈舒展状态，然后将回填坑土踩实或夯实。栽植时，尽可能保持原根系的自然状态，防止曲根和转根。栽植大苗时，要按“三埋两踩一提苗”的方法进行，即将苗木直放穴内，先用表土埋半穴，然后轻轻将苗向上提一提，摇晃一下，使根舒展，并和土壤密接，再踩实；踩后埋第二次土与树穴平，略超过苗木根际原土印 1cm 左右，再踩实；最后埋第三次土至原土印以上 1 ～ 3cm，这次埋土不再踩实，以利保墒。

⑦栽植带土球苗木时，必须先量好坑的深度与土球的高度是否一致。若有差别应及时将树坑挖深或填土，必须保证栽植深度适宜。土球入坑定位，安放稳当后，应尽量将包装材料全部解开取出，即使不能全部取出也要尽量松绑，以免影响新根再生。填土时必须随填土随夯实，但不得夯砸土球，最后用余土围好灌水堰。

（3）开堰浇水

树木栽好后，应沿树坑外缘开堰。堰埂高 20 ～ 25cm，用脚将埂踩实，以防浇水时跑水、漏水等。一般在树木栽植前或栽植期间不应浇水，否则会造成栽植操作的困难，妨碍踩紧踏实，使土球成块，干燥后不易打碎。因此，应在栽植完后浇水，浇水量要足，但速度要慢。在灌水之前最好在土壤上放置木板或石块，让水落在石块或木板上之后再流入土壤中，以减少水的冲刷，使水慢慢浸入土中，直至湿润根层的土壤，即做到小水灌透，如图 5-22 所示。

4. 验收和移交

植树竣工后，即可请有关部门检查验收，交付使用。验收的主要内容为是否符合设计意图和植树成活率的高低。

设计意图是通过设计图样直接表达的，施工人员必须按图施工，若有变动应查明原因。

成活率是验收合格的另一重要指标。成活率是指定植后成活树木的株数与定植总株数的比例，其计算公式为：

$$成活率 =（定植一年内苗发芽株数 / 定植总株数）\times 100\%$$

对成活率要求各地区不尽相同，一般要求在 80% 以上。

这里必须说明：当时已发芽的苗木并不等于已成活，还必须加强后期的养护管理，以争取最大的存活率。经过验收合格后，签正式验收证书，即可移交给使用单位进行正式的养护管理工作。至此，一项植树工程宣告竣工。

附：植物设计种植规范说明

本设计说明依据国家及地方的有关园林绿化施工的各类规范、规定与标准。

1. 现有植物的保留与保护

（1）施工前应在本设计中植物保留区标明需保留的植物并采取保护措施。

（2）未经设计师对可能侵蚀部分的审核确认，不许在植物保留区挖掘、排水和进行其他任何破坏等。

（3）在建筑对保留植物可能造成影响的情况下，应在施工前与设计师确认。

2. 绿化地的平整、构筑与清理

（1）首先对土壤进行粗整，清楚土壤中的碎石、杂草或杂物等。

（2）按城市园林绿化规范规定在 10cm 以上、30cm 以内平整绿化地面至设计坡度要求，平面绿化地平整坡度控制在 2% ～ 2.5%。

3. 土壤要求

（1）土壤应疏松湿润，排水良好，pH 值 5 ~ 7，应是含有机质的肥沃土壤。

(2) 对草坪、花卉种植地应该基肥，翻耕 25 ～ 30cm，耙平耕细，去除杂物，平整和坡度符合设计要求。

（3）植物生长最低种植土层厚度应符合表 5-7 所示的规定。

表 5-7　园林植物种植必需的最低土层厚度

种植类型	草本花卉	地被植物	小灌木	大灌木	浅根乔木	深根乔木
土层厚度(cm)	30	35	45	60	90	200

4. 树穴要求

（1）树穴应根据苗木根系、土球直径和土壤情况而定，树穴应垂直下挖，上口下底规格应符合设计要求及相关的规范。

(2) 树穴要比根系球大出 30cm 以上，并要加上 20cm 厚的有机肥，以使苗木栽植完成后迅速恢复成长。

5. 基肥

确定基肥：建议根据实际情况选用以下基肥施用，施前须经业主和景观设计师认可。

（1）垃圾堆烧肥：利用垃圾焚烧场生产的垃圾堆烧肥过筛，且充分腐熟和施用。

（2）堆腐蘑菇肥：用蘑菇生产厂生产所剩的废蘑菇种植基质掺入 3% ～ 5% 的过磷酸钙后堆腐，充分腐熟后施用。

（3）其他基肥或有机肥，必须经该工程施工主管单位同意后施用，用量依实而定。

要求施工种植前必须依实施足基肥，弥补绿化地瘦瘠对植物生长不利的影响，以使绿化尽快见效。必须依据当地园林施工要求和规范。

6. 除虫杀虫剂

如需用，则必须符合国家和地方要求。

7. 苗木要求

（1）严格要求苗木规格购苗，应选择枝干健壮、形体优美的苗木，苗木移植尽量减少截枝量，严禁出现没枝的单干苗木。

乔木的分枝点不少于四个，树形特殊的树种，分枝必须有 4 层以上。

（2）规则式种植的乔灌木（如广场上列植乔木等），同种苗木的规格大小应统一。

（3）丛植或群植式种植的乔灌木，同种或不同种苗木都应高低错落，充分体现自然生长的特点。植后同种苗木相差 30cm 左右。

（4）孤植树应该选种树形姿态优美、造型奇特、冠形圆整耐看的优质苗木。

（5）整形装饰篱木规格大小应一致，修剪整形的观赏面应为圆滑曲线弧形，起伏有致。

（6）分层种植的灌木花带边缘轮廓线上种植密度应大于规定密度，平面线形流畅，外缘成弧形，高低层次分明，且于周边点种植高差不少于 300cm。

（7）具体苗木品种规格见施工图（苗木表）中：

高度：为苗木经常规处理后的种植自然高度。（单位：cm）

胸径：为所种植乔木气地面 100cm 处的平均直径，表中规定为上限和下限种植时，最小不能小于下限，

最大不能超过 3cm（主景树可达 5cm），以求种植植物苗木均匀统一，利于生产。（单位：cm）

土球：苗木挖掘后保留的泥头直径，土球尽可能大，确保植物成活率。

树木土球计算应为：普通苗木土球直径 =2%（树地径周长 + 树直径），大苗木土球应加大，根据不同情况土球是胸径的 7 ～ 10 倍。

冠幅：是指乔木剪小枝后，大枝的分枝最低幅度或灌木的叶冠幅，而灌木的冠幅尺寸是指叶子的丰满部分。只伸出外面的两三个单枝不在冠幅所指之内，乔木也应尽量多留一些枝叶。

（8）所有植物必须健康、新鲜、无病虫害，无缺乏矿物质症状，生长旺盛，形体完美。

（9）严格按设计规格选苗，花灌木尽量选用容器苗，地苗应保证移植根系，带好土球，包装结实牢靠。

8. 定点放线

按施工平面图所标尺寸定点放线，未标明尺寸的种植，按照比例依实放线定点，要求定点放线准确，符合设计要求。

9. 种植

（1）种植土应击碎分层捣实，最后起土圈并淋足定根水。草坪区的树木需保留一个直径 900mm 的树圈。

（2）灌木种植与草坪的交接处应该留 5cm 左右宽的浅凹槽，以利于灌木的排水与后期的养护管理，草皮移植平整度≤ 1cm。

（3）绿化种植应在主要建筑、地下管线、道路工程等主体工程完成后进行。

（4）种植时，发现电缆、管道、障碍物等要停止操作，及时与相关部门协商解决。

（5）灌木和地被宜在乔木栽植、场地平整后进行，以避免重复操作带来的损失。

10. 板顶种植

当种植区位于板顶时，采用以下做法：采用陶粒、玻璃纤维布、轻质种植土，控制容重应该根据具体部位的屋顶结构承重能力分别决定，请参照结构图纸与专业人员协商。铺设种植土前，应首先核查该部分的土中积水排除系统是否已施工完善，经确认后先按设计要求完成陶粒疏水设施及种植土。积水排放系统及疏水层做法见有关图纸。

11. 修剪造型

花草树木种植后，因种植前主要是为运输和减少水分损失等而进行的，种植后应考虑植物造型，重新进行修剪造型，使花草树木种植后初始冠形能有利于将来形成优美冠形，达到理想绿化景观。

12. 种植时间

（1）须选择适宜的时间种植，落叶乔木最好在秋冬季节栽植，常绿乔木在春秋两雨季栽植。

（2）反季节栽植需做好栽植保护措施，尽量避免反季节栽植带来的损失。

13. 植后养护

反季节栽植需做好栽植保护措施，尽量避免反季节栽植带来的损失。

14. 由于地形的变化和多样性，植物栽植量与植物表中的数量有差额，应以现场实际用量为准，植物表中的灌木每平方米栽植株树为参考量，应以现场实际情况为准。

15. 植物栽植应在植物施工图的基本要求和原则之上，灵活变化，根据实际情况（栽植季节影响、货源问题、场地变化等）做出相应的调整。

第六章　优秀课程作业赏析

图6-1

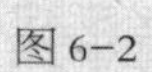
图6-2

图6-3

图 6-4

图 6-5

图 6–6

图 6–7

图 6–8

图 6–9

图 6–10

图 6–11

图 6–12

参考文献

[1] 赫菲．沈阳市中高档居住区植物配置所营造的绿化环境调查与研究 [D]. 沈阳：沈阳农业大学，2006：6-7.

[2] 傅海丽．浅析生态风景园林的设计理念 [J]. 科技创新与应用，2012(4)：57.

[3] 邵森，林立，王宝杰等．生态园林若干问题的探讨 [J]. 山东林业科技，2005（1）：82-83.

[4] 樊青青 . 生态设计中的植物造景 [J]. 现代农业科技，2010（18）:203-206.

[5] 钟任资 . 谈现代风景园林设计 [J]. 商品与质量 · 建筑与发展，2013（8）:191.

[6] 王伟 . 园林景观生态设计理论探讨 [J]. 城市建设理论研究（电子版）,2013（10）：2095-2104.

[7] 邹娟娟 . 生态学在城市景观设计中的应用初探 [J]. 城市建设理论研究，2014（36）：3011-3012.

[8] 张娟 . 浅谈现代风景园林设计中生态学的重要性 [J]. 房地产导刊，2014（6）:274.

[9] 黄新和 . 关于城市园林绿化设计生态观与植物配置的探讨 [J]. 城市建设理论研究 , 2011（16）: 2095-2104.

[10] 卢向阳 , 仇秀芬 . 园林绿化的生态设计 [J]. 山西建筑 , 2007 (26) :341-342.

[11] 王锋 , 丁志敏 . 浅论居住小区规划设计 [D]. 嘉兴 : 嘉兴学院建筑工程学院 ,2008：16.

[12] 邱承海 . 试谈住宅小区植物造景要实现的功能 [J]. 南方论刊，2005（10）：53-54.

[13] 陈明明 . 节约型园林的生态设计原理及实施策略 [J]. 城市建设理论研究，2012（33）：2095-2104.

[14] 高海燕 . 城市道路景观规划中的文化元素——以二连浩特市 208 国道景观规划为例 [J]. 黑龙江科技信息 , 2014（19）:229.

[15] 侯焱焱，张冬丽 . 浅析大学校园的植物配置 [J]. 城市建设理论研究 ,2013（21）:2095—2104.

[16] 高亚红，杨俊杰，吴玲等．生态学原理在植物配置中的应用 [J]. 黑龙江农业科学 ,2012（6）:90-92.

[17] 陈芳芳 . 生态园林设计中植物的配置探讨 [J]. 城市建设理论研究 ,2013（21）：2095-2104.

[18] 袁海龙 . 园林工程设计 [M]. 北京：化学工业出版社，2011.

[19] 王晓俊 . 风景园林设计 [M]. 南京：江苏科学技术出版社，2000.

[20] 佘远国 . 园林植物栽培与养护 [M]. 北京：机械工业出版社，2007.

[21] 卢圣 . 图解园林植物造景与实例 [M]. 北京：化学工业出版社，2011.

[22] 陈远吉 . 景观树木栽培与养护 [M]. 北京：化学工业出版社，2013.